ABHANDLUNGEN DER DEUTSCHEN AKADEMIE
DER WISSENSCHAFTEN ZU BERLIN

Klasse für Mathematik, Physik und Technik

Jahrgang 1958, Nr. 4

EUGEN HEYN

ELEKTROMAGNETISCHE FELDER IN GEKRÜMMTEN HOHLLEITERN

AKADEMIE-VERLAG · BERLIN
1958

Vorgelegt von Hrn. Schröder in der Gesamtsitzung vom 9. Januar 1958
Zum Druck genehmigt am gleichen Tage, ausgegeben am 30. September 1958

Erschienen im Akademie-Verlag GmbH, Berlin W 8, Mohrenstraße 39

Lizenz-Nr. 202 · 100/489/58
Satz, Druck und Bindung: IV/2/14 · VEB Werkdruck Gräfenhainichen · 894
Bestell- und Verlagsnummer: 2001/58/I/4
Preis: DM 8,70
Printed in Germany

INHALTSVERZEICHNIS

§ 1. Einleitung

In der vorliegenden Arbeit wird der Einfluß einer Krümmung auf die Feldverteilung im Hohlleiter untersucht. Dies geschieht durch eine geeignete Behandlung der Leitungsgleichungen des elektromagnetischen Feldes im gekrümmten Hohlleiter. In § 4 und § 5 wird das Verfahren zur Berechnung der Reflexionskoeffizienten von gekrümmten Hohlleitern verwendet, während in § 6 beim kreisförmig gekrümmten Topfkreiswellenmesser die durch die Krümmung verursachte Abweichung der Resonanzlagen berechnet wird.

Über gekrümmte Hohlleiter liegen Arbeiten von JOUGUET [1], RINOW [2] und ALBERSHEIM [3] vor. Die ersten beiden Autoren behandeln das Problem, indem durch Anwendung des Verfahrens der Störungsrechnung auf die MAXWELLschen Gleichungen partikuläre elektromagnetische Felder im Krümmungsstück konstruiert werden, aus denen das allgemeine Feld zusammengesetzt wird. ALBERSHEIM untersucht die durch eine Krümmung verursachte Kopplung der Wellentypen in Hohlleitern mit kreisförmigem Querschnitt. Hierbei wird von den (auf geeignete krummlinige Koordinaten transformierten) MAXWELLschen Gleichungen ausgegangen. Die Koeffizienten in diesen Gleichungen werden nach Potenzen der Krümmung entwickelt, wobei außer der ersten alle höheren Potenzen vernachlässigt werden. Die resultierenden Feldgleichungen werden behandelt, indem das Feld als aus zwei Wellentypen (TE_{01}- und TM_{11}-Welle) linear zusammengesetzt betrachtet wird; die Krümmung bewirkt eine bestimmte Verknüpfung zwischen den beiden Wellentypen.

Im folgenden wird das Problem der Berechnung der Reflexionskoeffizienten zurückgeführt auf die Lösung eines unendlichen Systems von Integralgleichungen. Wendet man zur Lösung des Integralgleichungssystems das Verfahren der Störungsrechnung an, so entstehen die $(n+1)$-ten Näherungslösungen sukzessiv durch Integration und Summation über die n-ten Näherungslösungen.

§ 2. Die Leitungsgleichungen im gekrümmten Hohlleiter

Innerhalb eines kreisförmig gekrümmten Hohlleiterstückes soll das folgende krummlinige Koordinatensystem (x, y, z) benutzt werden (Abb. 1). In jedem Querschnitt G des Hohlleiters, dessen Ebene durch die Krümmungsachse Z geht, sollen die Punkte durch die rechtwinkligen Koordinaten (x, y) dargestellt werden; hierbei soll die x-Achse senkrecht sein zur Krümmungsachse Z. Der Koordinatenursprung (0,0) beschreibt bei einer kreisförmigen Drehung um Z die Leitlinie L. Die Punkte im Innern des Hohlleiters sind dann festgelegt durch ihre Querschnittskoordinaten (x, y) und durch die Bogenlänge z der Leitlinie, welche die Lage des Querschnitts bestimmt. Für ein Linienelement der Länge ds gilt dann

$$ds^2 = dx^2 + dy^2 + \left(1 - \frac{x}{R}\right)^2 dz^2 .$$

Die MAXWELLschen Gleichungen (bei periodischer Zeitabhängigkeit der Feldstärken

$$\mathfrak{E} = \text{Real}\,\{E\,e^{i\omega t}\}, \qquad \mathfrak{H} = \text{Real}\,\{H\,e^{i\omega t}\})$$

$$\text{rot}\,H = j\,\omega\,\varepsilon\,E \tag{2.1}$$

$$\text{rot}\,E = -\,j\,\omega\,\mu\,H \tag{2.2}$$

haben nach der Transformation auf diese Koordinaten die Gestalt:

$$(\text{rot}\,H)_x = \frac{1}{1-\frac{x}{R}}\left\{\frac{\partial}{\partial y}\left(\left(1-\frac{x}{R}\right)H_z\right) - \frac{\partial}{\partial z}H_y\right\} = j\,\omega\,\varepsilon\,E_x, \tag{2.3a}$$

$$(\text{rot}\,H)_y = \frac{1}{1-\frac{x}{R}}\left\{\frac{\partial}{\partial z}H_x - \frac{\partial}{\partial x}\left(\left(1-\frac{x}{R}\right)H_z\right)\right\} = j\,\omega\,\varepsilon\,E_y, \tag{2.3b}$$

$$(\text{rot}\,H)_z = \frac{\partial}{\partial x}H_y - \frac{\partial}{\partial y}H_x = j\,\omega\,\varepsilon\,E_z, \tag{2.3c}$$

$$(\text{rot}\,E)_x = \frac{1}{1-\frac{x}{R}}\left\{\frac{\partial}{\partial y}\left(\left(1-\frac{x}{R}\right)E_z\right) - \frac{\partial}{\partial z}E_y\right\} = -\,j\,\omega\,\mu\,H_x, \tag{2.4a}$$

$$(\text{rot}\,E)_y = \frac{1}{1-\frac{x}{R}}\left\{\frac{\partial}{\partial z}E_x - \frac{\partial}{\partial x}\left(\left(1-\frac{x}{R}\right)E_z\right)\right\} = -\,j\,\omega\,\mu\,H_y, \tag{2.4b}$$

$$(\text{rot}\,E)_z = \frac{\partial}{\partial x}E_y - \frac{\partial}{\partial y}E_x = -\,j\,\omega\,\mu\,H_z. \tag{2.4c}$$

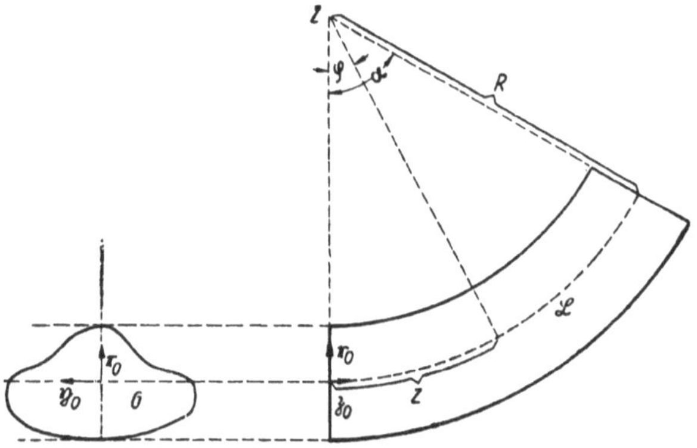

Abb. 1

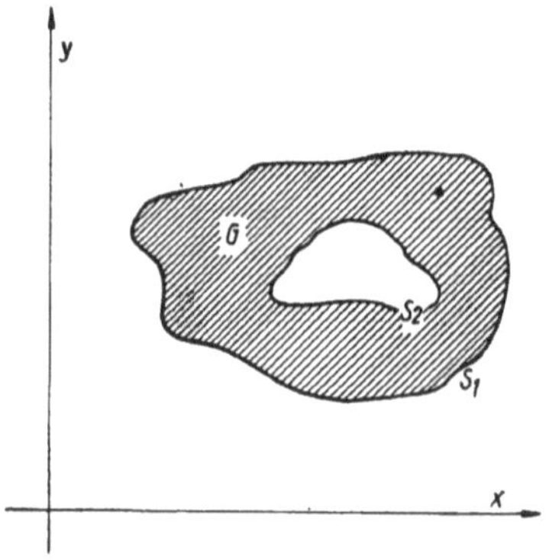

Abb. 2

An der Wand des Hohlleiters soll die Tangentialkomponente von E verschwinden.

Zur Aufstellung der Leitungsgleichungen des elektromagnetischen Feldes im gekrümmten Hohlleiter werden mittels eines vollständigen normierten Orthogonalsystems $\{\mathfrak{e}_n(x, y)\}$ bzw. $\{\mathfrak{h}_n(x, y)\}$ von zweidimensionalen Vektorfeldern in G die Fourierkoeffizienten $V_n(z) = \iint E(x, y, z) \cdot \mathfrak{e}_n(x, y)\,dx\,dy$ der elektrischen bzw. $I_n(z) = \iint H(x, y, z) \cdot \mathfrak{h}_n(x, y)\,dx\,dy$ der magnetischen Feldstärke gebildet; auf Grund der MAXWELLschen Gleichungen sind die Koeffizienten durch ein System von Differentialgleichungen miteinander verknüpft. Als System $\{\mathfrak{e}_n\}$ bzw. $\{\mathfrak{h}_n\}$ werden die charakteristischen Vektorfelder der Hohlleitertheorie [4]

$$\mathfrak{e}'_\nu(x, y), \mathfrak{e}''_\tau(x, y), \mathfrak{e}'''_\sigma(x, y) \quad \text{bzw.} \quad \mathfrak{h}'_\nu(,x\,y), \mathfrak{h}''_\tau(x, y), \mathfrak{h}'''_\sigma(x, y)$$

verwendet, die man durch Betrachtung der folgenden Eigenwertaufgaben I, II und der Randwertaufgabe III gewinnt.

$$\text{I.} \quad \frac{\partial^2 \Phi}{\partial x^2} + \frac{\partial^2 \Phi}{\partial y^2} + \lambda \Phi = 0, \qquad \Phi = 0 \text{ auf } S, \tag{2.5a}$$

$$\text{II.} \quad \frac{\partial^2 \Psi}{\partial x^2} + \frac{\partial^2 \Psi}{\partial y^2} = \mu \Psi = 0, \quad \frac{\partial \Psi}{\partial n} = 0 \text{ auf } S, \tag{2.5b}$$

$$\text{III.} \quad \frac{\partial^2 X}{\partial x^2} + \frac{\partial^2 X}{\partial y^2} = 0, \qquad X = \text{konst. auf } S. \tag{2.5c}$$

Problem I besitzt die positiven Eigenwerte $\lambda_i = k_i'^2$ $(i = 1, 2, \ldots)$, zu welchen die orthogonalen Eigenfunktionen Φ_i gehören; diese Funktionen seien so normiert, daß gilt

$$k_i'^2 \iint \Phi_i^2 \, dx \, dy = 1. \tag{2.6}$$

Die Eigenwerte $\mu_i = k_i''^2$ $(i = 0, 1, 2, \ldots)$ von Problem II sind positiv mit Ausnahme von $\mu_0 = 0$, zu welchem die Eigenfunktion $\Psi_0 \equiv$ konst. gehört; für die Funktionen Ψ_i mit $i = 1, 2, 3, \ldots$ soll gelten

$$k_i''^2 \iint \Psi_i^2 \, dx \, dy = 1. \tag{2.7}$$

Bei einem N-fach zusammenhängenden Gebiet G besitzt Problem III genau N linear unabhängige Lösungen X_i $(i = 0, 1, \ldots, N-1)$, die Funktion X_0 soll hierbei die in G identisch konstante Lösung von (2,5 c) sein; falls $N > 1$ ist, so soll für die übrigen Funktionen X_i $(i = 1, \ldots N-1)$ gelten

$$\iint \left(\mathfrak{x}_0 \frac{\partial X_\nu}{\partial x} + \mathfrak{y}_0 \frac{\partial X_\nu}{\partial y}\right) \cdot \left(\mathfrak{x}_0 \frac{\partial X_\mu}{\partial x} + \mathfrak{y}_0 \frac{\partial X_\mu}{\partial y}\right) dx \, dy = \delta_{\nu\mu} \quad \begin{pmatrix} \nu = 1, \ldots, N-1 \\ \mu = 1, \ldots, N-1 \end{pmatrix} \tag{2.8}$$

($\mathfrak{x}_0$ bzw. $\mathfrak{y}_0$ soll den Einheitsvektor in Richtung der x- bzw. y-Achse und $\delta_{\nu\mu}$ das Kronneckersymbol bedeuten).

Bildet man die Vektorfelder

(2.9 a) $$\mathfrak{e}_\nu'(x, y) = -\mathfrak{x}_0 \frac{\partial \Phi_\nu}{\partial x} - \mathfrak{y}_0 \frac{\partial \Phi_\nu}{\partial y},$$ (2.9 b) $$\mathfrak{h}_\nu'(x, y) = \mathfrak{x}_0 \frac{\partial \Phi_\nu}{\partial y} - \mathfrak{y}_0 \frac{\partial \Phi_\nu}{\partial x},$$

$$(\nu = 1, 2, \ldots)$$

(2.10 a) $$\mathfrak{e}_\tau''(x, y) = -\mathfrak{x}_0 \frac{\partial \Psi_\tau}{\partial y} + \mathfrak{y}_0 \frac{\partial \Psi_\tau}{\partial x},$$ (2.10 b) $$\mathfrak{h}_\tau''(x, y) = -\mathfrak{x}_0 \frac{\partial \Psi_\tau}{\partial x} - \mathfrak{y}_0 \frac{\partial \Psi_\tau}{\partial y},$$

$$(\tau = 1, 2, \ldots).$$

(2.11 a) $$\mathfrak{e}_\sigma'''(x, y) = -\mathfrak{x}_0 \frac{\partial X_\sigma}{\partial x} - \mathfrak{y}_0 \frac{\partial X_\sigma}{\partial y},$$ (2.11 b) $$\mathfrak{h}_\sigma'''(x, y) = \mathfrak{x}_0 \frac{\partial X_\sigma}{\partial y} - \mathfrak{y}_0 \frac{\partial X_\sigma}{\partial x},$$

$$(\sigma = 1, \ldots, N-1),$$

so stellt die Gesamtheit der Vektorfelder

$$\{\mathfrak{e}_\nu', \mathfrak{e}_\tau'', \mathfrak{e}_\sigma'''\} \qquad \begin{pmatrix} \nu = 1, 2, \ldots \\ \tau = 1, 2, \ldots \\ \sigma = 1, \ldots, N-1 \end{pmatrix} \tag{2.12}$$

ein normiertes Orthogonalsystem dar, wenn als „Inneres Produkt" $(\mathfrak{A}, \mathfrak{B})$ zweier Vektorfelder $\mathfrak{A}(x, y)$ und $\mathfrak{B}(x, y)$ der Ausdruck

$$(\mathfrak{A}, \mathfrak{B}) = \iint \mathfrak{A}(x, y) \cdot \overline{\mathfrak{B}(x, y)} \, dx \, dy = \iint (\mathfrak{A}_x \overline{\mathfrak{B}_x} + \mathfrak{A}_y \overline{\mathfrak{B}_y}) \, dx \, dy \tag{2.13}$$

definiert wird. Das normierte Orthogonalsystem (2.12) ist außerdem vollständig[1]), das heißt es gilt für zwei (quadratisch integrable) Vektorfelder $\mathfrak{A}$ und $\mathfrak{B}$.

$$\iint \mathfrak{A}\cdot\mathfrak{B}\,dx\,dy = \sum_{n=1}^{\infty}\left(\iint \mathfrak{A}\cdot\mathfrak{e}_n'\,dx\,dy\right)\left(\iint \mathfrak{B}\cdot\mathfrak{e}_n'\,dx\,dy\right) \tag{2.14}$$

$$+\sum_{n=1}^{\infty}\left(\iint \mathfrak{A}\cdot\mathfrak{e}_n''\,dx\,dy\right)\left(\iint \mathfrak{B}\cdot\mathfrak{e}_n''\,dx\,dy\right)+\sum_{n=1}^{N-1}\left(\iint \mathfrak{A}\cdot\mathfrak{e}_n'''\,dx\,dy\right)\left(\iint \mathfrak{B}\cdot\mathfrak{e}_n'''\,dx\,dy\right).$$

Entsprechend ist die Gesamtheit der Vektorfelder

$$\{\mathfrak{h}_\nu',\ \mathfrak{h}_\tau'',\ \mathfrak{h}_\sigma'''\} \qquad \begin{pmatrix}\nu = 1,\ 2, \ldots \\ \tau = 1,\ 2, \ldots \\ \sigma = 1, \ldots, N-1\end{pmatrix} \tag{2.15}$$

ein vollständiges normiertes Orthogonalsystem. Mit den Vektorfeldern $\mathfrak{e}_\nu'(x, y)$, $\mathfrak{e}_\tau''(x, y)$ und $\mathfrak{e}_\sigma'''(x, y)$ werden die Fourierkoeffizienten $V_\nu'(z)$, $V_\tau''(z)$ und $V_\sigma'''(z)$ der elektrischen Feldstärke gebildet:

$$V_\nu'(z) = \iint (\mathfrak{x}_0 E_x + \mathfrak{y}_0 E_y)\cdot\mathfrak{e}_\nu\,dx\,dy \tag{2.16a}$$

$$= -\iint\left(E_x(x, y, z)\frac{\partial\Phi_\nu(x, y)}{\partial x} + E_y(x, y, z)\frac{\partial\Phi_\nu(x, y)}{\partial y}\right)dx\,dy$$

$$(\nu = 1,\ 2, \ldots)$$

$$V_\tau''(z) = \iint (\mathfrak{x}_0 E_x + \mathfrak{y}_0 E_y)\cdot\mathfrak{e}_\tau''\,dx\,dy \tag{2.16b}$$

$$= \iint\left(-E_x(x, y, z)\frac{\partial\Psi_\tau(x, y)}{\partial x} + E_y(x, y, z)\frac{\partial\Psi_\tau(x, y)}{\partial x}\right)dx\,dy$$

$$(\tau = 1, 2, \ldots)$$

$$V_\sigma'''(z) = \iint (\mathfrak{x}_0 E_x + \mathfrak{y}_0 E_y)\cdot\mathfrak{e}_\sigma'''\,dx\,dy \tag{2.16c}$$

$$= -\iint\left(E_x(x, y, z)\frac{\partial X_\sigma(x, y)}{\partial x} + E_y(x, y, z)\frac{\partial X_\sigma(x, y)}{\partial y}\right)dx\,dy$$

$$(\sigma = 1, \ldots, N-1).$$

Entsprechend werden die Fourierkoeffizienten $I_\nu'(z), I_\tau''(z)$ und $I_\sigma'''(z)$ der magnetischen Feldstärke gebildet:

$$I_\nu'(z) = \iint (\mathfrak{x}_0 H_x + \mathfrak{y}_0 H_y)\cdot\mathfrak{h}_\nu'\,dx\,dy \qquad (\nu = 1, 2, \ldots) \tag{2.17a}$$

$$I_\tau''(z) = \iint (\mathfrak{x}_0 H_x + \mathfrak{y}_0 H_y)\cdot\mathfrak{h}_\tau''\,dx\,dy \qquad (\tau = 1, 2, \ldots) \tag{2.17b}$$

$$I_\sigma'''(z) = \iint (\mathfrak{x}_0 H_x + \mathfrak{y}_0 H_y)\cdot\mathfrak{h}_\sigma'''\,dx\,dy \qquad (\sigma = 1, \ldots, N-1). \tag{2.17c}$$

Hieraus folgt

$$\frac{dV_\nu'(z)}{dz} = \iint\left(\mathfrak{x}_0\frac{\partial E_x}{\partial z} + \mathfrak{y}_0\frac{\partial E_y}{\partial z}\right)\cdot\mathfrak{e}_\nu'\,dx\,dy \tag{2.18}$$

. . . .

$$\frac{dI_\nu'(z)}{dz} = \iint\left(\mathfrak{x}_0\frac{\partial H_x}{\partial z} + \mathfrak{y}_0\frac{\partial H_y}{\partial z}\right)\cdot\mathfrak{h}_\nu'\,dx\,dy$$

. . . .

[1]) Zum Beweis der Vollständigkeit siehe HEYN [5]. Dort wird auch gezeigt, wie die Leitungsgleichungen, die hier in etwas heuristischer Weise hergeleitet werden, mittels exakter Methoden abgeleitet werden können.

Aus den MAXWELLschen Gleichungen (2.3 a), (2.3 b), (2.4 a) und (2.4 b) erhält man

$$\frac{\partial E_x}{\partial z} = -j\omega\mu H_y + \frac{\partial E_z}{\partial x} + j\omega\mu\frac{x}{R}H_y - \frac{1}{R}\frac{\partial}{\partial x}(E_z x) \tag{2.19a}$$

$$\frac{\partial E_y}{\partial z} = j\omega\mu H_x + \frac{\partial E_z}{\partial y} - j\omega\mu\frac{x}{R}H_x - \frac{1}{R}\frac{\partial}{\partial y}(E_z x) \tag{2.19b}$$

$$\frac{\partial H_x}{\partial z} = j\omega\varepsilon E_y + \frac{\partial H_z}{\partial x} - j\omega\varepsilon\frac{x}{R}E_y - \frac{1}{R}\frac{\partial}{\partial x}(H_z x) \tag{2.20a}$$

$$\frac{\partial H_y}{\partial z} = -j\omega\varepsilon E_x + \frac{\partial H_z}{\partial y} + j\omega\varepsilon\frac{x}{R}E_x - \frac{1}{R}\frac{\partial}{\partial y}(H_z x). \tag{2.20b}$$

Damit ergibt (2.18)

$$\begin{aligned}\frac{dV_\nu'(z)}{dz} &= -j\omega\mu\iint(\mathfrak{x}_0 H_y - \mathfrak{y}_0 H_x)\cdot\mathfrak{e}_\nu'\,dx\,dy \\ &+ \iint\left(\mathfrak{x}_0\frac{\partial E_z}{\partial x} + \mathfrak{y}_0\frac{\partial E_z}{\partial y}\right)\cdot\mathfrak{e}_\nu'\,dx\,dy + j\frac{\omega\mu}{R}\iint(\mathfrak{x}_0 H_y - \mathfrak{y}_0 H_x)\cdot\mathfrak{e}_\nu'\,x\,dx\,dy \\ &- \frac{1}{R}\iint\left(\mathfrak{x}_0\frac{\partial}{\partial x}(E_z x) + \mathfrak{y}_0\frac{\partial}{\partial y}(E_z x)\right)\cdot\mathfrak{e}_\nu'\,dx\,dy.\end{aligned} \tag{2.21a}$$

. . . .

$$\begin{aligned}\frac{dI_\nu'(z)}{dz} &= j\omega\varepsilon\iint(\mathfrak{x}_0 E_y - \mathfrak{y}_0 E_x)\cdot\mathfrak{h}_\nu'\,dx\,dy \\ &+ \iint\left(\mathfrak{x}_0\frac{\partial H_z}{\partial x} + \mathfrak{y}_0\frac{\partial H_z}{\partial y}\right)\cdot\mathfrak{h}_\nu'\,dx\,dy - j\frac{\omega\varepsilon}{R}\iint(\mathfrak{x}_0 E_y - \mathfrak{y}_0 E_x)\cdot\mathfrak{h}_\nu'\,x\,dx\,dy \\ &- \frac{1}{R}\iint\left(\mathfrak{x}_0\frac{\partial}{\partial x}(H_z x) + \mathfrak{y}_0\frac{\partial}{\partial y}(H_z x)\right)\cdot\mathfrak{h}_\nu'\,dx\,dy.\end{aligned} \tag{2.21b}$$

. . . .

Wegen (2.9 a) und (2.9 b) gilt

$$(\mathfrak{x}_0 E_y - \mathfrak{y}_0 E_x)\cdot\mathfrak{h}_\nu' = -(\mathfrak{x}_0 E_x + \mathfrak{y}_0 E_y)\cdot\mathfrak{e}_\nu'. \tag{2.22a}$$

$$(\mathfrak{x}_0 H_y - \mathfrak{y}_0 H_x)\cdot\mathfrak{e}_\nu' = (\mathfrak{x}_0 H_x + \mathfrak{y}_0 H_y)\cdot\mathfrak{h}_\nu'. \tag{2.22b}$$

Daraus folgt

$$\iint(\mathfrak{x}_0 E_y - \mathfrak{y}_0 E_x)\cdot\mathfrak{h}_\nu'\,dx\,dy = -V_\nu'(z). \tag{2.23a}$$

$$\iint(\mathfrak{x}_0 H_y - \mathfrak{y}_0 H_x)\cdot\mathfrak{e}_\nu'\,dx\,dy = I_\nu'(z). \tag{2.23b}$$

Wegen der Gültigkeit der Vollständigkeitsrelation (2.14) für das System $\{\mathfrak{e}_\nu', \mathfrak{e}_\tau'', \mathfrak{e}_\sigma'''\}$ bzw. $\{\mathfrak{h}_\nu', \mathfrak{h}_\tau'', \mathfrak{h}_\sigma'''\}$ erhält man weiter

$$\begin{aligned}\iint(\mathfrak{x}_0 H_y - \mathfrak{y}_0 H_x)\cdot\mathfrak{e}_\nu'\,x\,dx\,dy &= \iint(\mathfrak{x}_0 H_x + \mathfrak{y}_0 H_y)\cdot\mathfrak{h}_\nu'\,x\,dx\,dy \\ &= \sum_{n=1}^{\infty}\left[\iint\mathfrak{h}_\nu'\cdot\mathfrak{h}_n'\,x\,dx\,dy\right]I_n'(z) + \sum_{n=1}^{\infty}\left[\iint\mathfrak{h}_\nu'\cdot\mathfrak{h}_n''\,x\,dx\,dy\right]I_n''(z) \\ &+ \sum_{n=1}^{N-1}\left[\iint\mathfrak{h}_\nu'\cdot\mathfrak{h}_n'''\,x\,dx\,dy\right]I_n'''(z),\end{aligned} \tag{2.24a}$$

$$\begin{aligned}\iint(\mathfrak{x}_0 E_y - \mathfrak{y}_0 E_x)\cdot\mathfrak{h}_\nu'\,x\,dx\,dy &= -\iint(\mathfrak{x}_0 E_x + \mathfrak{y}_0 E_y)\cdot\mathfrak{e}_\nu'\,x\,dx\,dy \\ &= -\sum_{n=1}^{\infty}\left[\iint\mathfrak{e}_\nu'\cdot\mathfrak{e}_n'\,x\,dx\,dy\right]V_n'(z) - \sum_{n=1}^{\infty}\left[\iint\mathfrak{e}_\nu'\cdot\mathfrak{e}_n''\,x\,dx\,dy\right]V_n''(z) \\ &- \sum_{n=1}^{N-1}\left[\iint\mathfrak{e}_\nu'\cdot\mathfrak{e}_n'''\,x\,dx\,dy\right]V_n'''(z).\end{aligned} \tag{2.24b}$$

Die Funktionen E_z und Φ_ν verschwinden auf dem Rand S des Gebietes G, daraus folgt bei Berücksichtigung von (2.3c) und (2.5a) durch Anwendung des GREENschen Satzes

$$\iint\left(\mathfrak{x}_0\frac{\partial E_z}{\partial x}+\mathfrak{y}_0\frac{\partial E_z}{\partial y}\right)\cdot\mathfrak{e}'_\nu\,dx\,dy=-\iint\left(\frac{\partial E_z}{\partial x}\frac{\partial\Phi_\nu}{\partial x}+\frac{\partial E_z}{\partial y}\frac{\partial\Phi_\nu}{\partial y}\right)dx\,dy \tag{2.25a}$$

$$=\iint E_z\Delta\Phi_\nu\,dx\,dy=-k'^2_\nu\iint E_z\Phi_\nu\,dx\,dy=j\frac{k'^2_\nu}{\omega\varepsilon}\iint\left(\frac{\partial H_y}{\partial x}-\frac{\partial H_x}{\partial y}\right)\Phi_\nu\,dx\,dy$$

$$=-j\frac{k'^2_\nu}{\omega\varepsilon}\iint\left(H_y\frac{\partial\Phi_\nu}{\partial x}-H_x\frac{\partial\Phi_\nu}{\partial y}\right)dx\,dy=j\frac{k'^2_\nu}{\omega\varepsilon}\iint(\mathfrak{x}_0H_x+\mathfrak{y}_0H_y)\cdot\mathfrak{h}'_\nu\,dx\,dy=j\frac{k'^2_\nu}{\omega\varepsilon}I'_\nu(z).$$

$$\iint\left(\mathfrak{x}_0\frac{\partial H_z}{\partial x}+\mathfrak{y}_0\frac{\partial H_z}{\partial y}\right)\cdot\mathfrak{h}'_\nu\,dx\,dy=\iint\left(\frac{\partial H_z}{\partial x}\frac{\partial\Phi_\nu}{\partial y}-\frac{\partial H_z}{\partial y}\frac{\partial\Phi_\nu}{\partial x}\right)dx\,dy=0. \tag{2.25b}$$

Entsprechend erhält man

$$\iint\left(\mathfrak{x}_0\frac{\partial}{\partial x}(E_zx)+\mathfrak{y}_0\frac{\partial}{\partial y}(E_zx)\right)\cdot\mathfrak{e}'_\nu\,dx\,dy=j\frac{k'^2_\nu}{\omega\varepsilon}\iint\left(\frac{\partial H_y}{\partial x}-\frac{\partial H_x}{\partial y}\right)\Phi_\nu x\,dx\,dy. \tag{2.26a}$$

Da die Funktionen $k'_\nu\,\Phi_\nu$ ein vollständiges normiertes Orthogonalsystem in G bilden, so gilt weiter

$$j\frac{k'^2_\nu}{\omega\varepsilon}\iint\left(\frac{\partial H_y}{\partial x}-\frac{\partial H_x}{\partial y}\right)\Phi_\nu x\,dx\,dy=j\frac{k'^2_\nu}{\omega\varepsilon}\sum_{n=1}^{\infty}k'^2_n\left(\iint\left(\frac{\partial H_y}{\partial x}-\frac{\partial H_x}{\partial y}\right)\Phi_n\,dx\,dy\right)\left(\iint\Phi_\nu\Phi_n x\,dx\,dy\right) \tag{2.26*a}$$

$$=j\frac{k'^2_\nu}{\omega\varepsilon}\sum_{n=1}^{\infty}k'^2_n\left(\iint\Phi_\nu\Phi_n x\,dx\,dy\right)I'_n(z).$$

Ebenso folgt

$$\iint\left(\mathfrak{x}_0\frac{\partial}{\partial x}(H_zx)+\mathfrak{y}_0\frac{\partial}{\partial y}(H_zx)\right)\cdot\mathfrak{h}'_\nu\,dx\,dy \tag{2.26b}$$

$$=\iint\left(\frac{\partial}{\partial x}(H_zx)\frac{\partial\Phi_\nu}{\partial y}-\frac{\partial}{\partial y}(H_zx)\frac{\partial\Phi_\nu}{\partial x}\right)dx\,dy=0.$$

Durch Einsetzen der in (2.23a) bis (2.26b) berechneten Ausdrücke in (2.21a) und (2.21b) erhält man das folgende Teilsystem der Leitungsgleichungen im gekrümmten Leiter

$$\frac{dV'_\nu(z)}{dz}=j\frac{k'^2_\nu-\omega^2\varepsilon\mu}{\omega\varepsilon}I'_\nu(z)+j\frac{\omega\mu}{R}\sum_{n=1}^{\infty}\left[\iint\mathfrak{h}'_\nu\cdot\mathfrak{h}'_n x\,dx\,dy\right]I'_n(z) \tag{2.27a}$$

$$+j\frac{\omega\mu}{R}\sum_{n=1}^{\infty}\left[\iint\mathfrak{h}'_\nu\cdot\mathfrak{h}''_n x\,dx\,dy\right]I''_n(z)+j\frac{\omega\mu}{R}\sum_{n=1}^{N-1}\left[\iint\mathfrak{h}'_\nu\cdot\mathfrak{h}'''_n x\,dx\,dy\right]I'''_n(z)$$

$$-j\frac{k'^2_\nu}{\omega\varepsilon R}\sum_{n=1}^{\infty}k'^2_n\left[\iint\Phi_\nu\Phi_n x\,dx\,dy\right]I'_n(z),$$

$$\frac{dI'_\nu(z)}{dz}=-j\omega\varepsilon V'_\nu(z)+j\frac{\omega\varepsilon}{R}\sum_{n=1}^{\infty}\left[\iint\mathfrak{e}'_\nu\cdot\mathfrak{e}'_n x\,dx\,dy\right]V'_n(z) \tag{2.27b}$$

$$+j\frac{\omega\varepsilon}{R}\sum_{n=1}^{\infty}\left[\iint\mathfrak{e}'_\nu\cdot\mathfrak{e}''_n x\,dx\,dy\right]V''_n(z)+j\frac{\omega\varepsilon}{R}\sum_{n=1}^{N-1}\left[\iint\mathfrak{e}'_\nu\cdot\mathfrak{e}'''_n x\,dx\,dy\right]V'''_n(z)$$

$(\nu=1,2,\ldots)$.

In eine analoge Form wie (2.27a), (2.27b) sollen auch die folgenden beiden Gleichungen übergeführt werden, die man durch Einsetzen der Ausdrücke (2.19a) bis (2.20b) in (2.18) erhält:

$$\frac{dV_\tau''(z)}{dz} = -j\omega\mu \iint (\mathfrak{x}_0 H_y - \mathfrak{y}_0 H_x)\cdot \mathfrak{e}_\tau''\, dx\, dy + \iint \left(\mathfrak{x}_0 \frac{\partial E_z}{\partial x} + \mathfrak{y}_0 \frac{\partial E_z}{\partial y}\right)\cdot \mathfrak{e}_\tau''\, dx\, dy \tag{2.28a}$$

$$+ j\frac{\omega\mu}{R} \iint (\mathfrak{x}_0 H_y - \mathfrak{y}_0 H_x)\cdot \mathfrak{e}_\tau''\, x\, dx\, dy - \frac{1}{R}\iint \left(\mathfrak{x}_0 \frac{\partial}{\partial x}(E_z x) + \mathfrak{y}_0 \frac{\partial}{\partial y}(E_z x)\right)\cdot \mathfrak{e}_\tau''\, dx\, dy,$$

$$\frac{dI_\tau''(z)}{dz} = j\omega\varepsilon \iint (\mathfrak{x}_0 E_y - \mathfrak{y}_0 E_x)\cdot \mathfrak{h}_\tau''\, dx\, dy + \iint \left(\mathfrak{x}_0 \frac{\partial H_z}{\partial x} + \mathfrak{y}_0 \frac{\partial H_z}{\partial x}\right)\cdot \mathfrak{h}_\tau''\, dx\, dy \tag{2.28b}$$

$$- j\frac{\omega\varepsilon}{R} \iint (\mathfrak{x}_0 E_y - \mathfrak{y}_0 E_x)\cdot \mathfrak{h}_\tau''\, x\, dx\, dy - \frac{1}{R}\iint \left(\mathfrak{x}_0 \frac{\partial}{\partial x}(H_z x) + \mathfrak{y}_0 \frac{\partial}{\partial y}(H_z x)\right)\cdot \mathfrak{h}_\tau''\, dx\, dy.$$

Aus (2.10a) und (2.10b) folgt

$$(\mathfrak{x}_0 E_y - \mathfrak{y}_0 E_x)\cdot \mathfrak{h}_\tau'' = -(\mathfrak{x}_0 E_x + \mathfrak{y}_0 E_y)\cdot \mathfrak{e}_\tau'' \tag{2.29a}$$

$$(\mathfrak{x}_0 H_y - \mathfrak{y}_0 H_x)\cdot \mathfrak{e}_\tau'' = (\mathfrak{x}_0 H_x + \mathfrak{y}_0 H_y)\cdot \mathfrak{h}_\tau'', \tag{2.29b}$$

also gilt

$$\iint (\mathfrak{x}_0 E_y - \mathfrak{y}_0 E_x)\cdot \mathfrak{h}_\tau''\, dx\, dy = -V_\tau''(z) \tag{2.30a}$$

$$\iint (\mathfrak{x}_0 H_y - \mathfrak{y}_0 H_x)\cdot \mathfrak{e}_\tau''\, dx\, dy = I_\tau''(z). \tag{2.30b}$$

Auf Grund der Vollständigkeitsrelation erhält man

$$\iint (\mathfrak{x}_0 H_y - \mathfrak{y}_0 H_x)\cdot \mathfrak{e}_\tau''\, x\, dx\, dy = \iint (\mathfrak{x}_0 H_x + \mathfrak{y}_0 H_y)\cdot \mathfrak{h}_\tau''\, x\, dx\, dy \tag{2.31a}$$

$$= \sum_{n=1}^{\infty} \left[\iint \mathfrak{h}_\tau''\cdot \mathfrak{h}_n'\, x\, dx\, dy\right] I_n'(z) + \sum_{n=1}^{\infty} \left[\iint \mathfrak{h}_\tau''\cdot \mathfrak{h}_n''\, x\, dx\, dy\right] I_n''(z)$$

$$+ \sum_{n=1}^{N-1} \left[\iint \mathfrak{h}_\tau''\cdot \mathfrak{h}_n'''\, x\, dx\, dy\right] I_n'''(z),$$

$$\iint (\mathfrak{x}_0 E_y - \mathfrak{y}_0 E_x)\cdot \mathfrak{h}_\tau''\, x\, dx\, dy = -\iint (\mathfrak{x}_0 E_x + \mathfrak{y}_0 E_y)\cdot \mathfrak{e}_\tau''\, x\, dx\, dy \tag{2.31b}$$

$$= -\sum_{n=1}^{\infty} \left[\iint \mathfrak{e}_\tau''\cdot \mathfrak{e}_n'\, x\, dx\, dy\right] V_n'(z) - \sum_{n=1}^{\infty} \left[\iint \mathfrak{e}_\tau''\cdot \mathfrak{e}_n''\, x\, dx\, dy\right] V_n''(z)$$

$$- \sum_{n-1}^{N=1} \left[\iint \mathfrak{e}_\tau''\cdot \mathfrak{e}_n'''\, x\, dx\, dy\right] V_n'''(z).$$

Da E_z und $\frac{\partial \Psi_\tau}{\partial n}$ auf dem Rand S von G verschwinden, so folgt bei Berücksichtigung von (2.4c) und (2.5b)

$$\iint \left(\mathfrak{x}_0 \frac{\partial E_z}{\partial x} + \mathfrak{y}_0 \frac{\partial E_z}{\partial y}\right)\cdot \mathfrak{e}_\tau''\, dx\, dy = \iint \left(-\frac{\partial E_z}{\partial x}\frac{\partial \Psi_\tau}{\partial y} + \frac{\partial E_z}{\partial y}\frac{\partial \Psi_\tau}{\partial x}\right) dx\, dy = 0, \tag{2.32a}$$

$$\iint \left(\mathfrak{x}_0 \frac{\partial H_z}{\partial x} + \mathfrak{y}_0 \frac{\partial H_z}{\partial y}\right)\cdot \mathfrak{h}_\tau''\, dx\, dy = -\iint \left(\frac{\partial H_z}{\partial x}\frac{\partial \Psi_\tau}{\partial x} + \frac{\partial H_z}{\partial y}\frac{\partial \Psi_\tau}{\partial y}\right) dx\, dy \tag{2.32b}$$

$$= \iint H_z \Delta \Psi_\tau\, dx\, dy = -k_\tau''^2 \iint H_z \Psi_\tau\, dx\, dy = -j\frac{k_\tau''^2}{\omega\mu}\iint \left(\frac{\partial E_y}{\partial x} - \frac{\partial E_x}{\partial y}\right)\Psi_\tau\, dx\, dy$$

$$= j\frac{k_\tau''^2}{\omega\mu}\iint \left(-E_x \frac{\partial \Psi_\tau}{\partial y} + E_y \frac{\partial \Psi_\tau}{\partial x}\right) dx\, dy = j\frac{k_\tau''^2}{\omega\mu}\iint (\mathfrak{x}_0 E_x + \mathfrak{y}_0 E_y)\cdot \mathfrak{e}_\tau''\, dx\, dy = j\frac{k_\tau''^2}{\omega\mu} V_\tau''(z).$$

Weiter folgt

$$\iint \left(\mathfrak{x}_0 \frac{\partial}{\partial x}(E_z x) + \mathfrak{y}_0 \frac{\partial}{\partial y}(E_z x)\right) \cdot \mathfrak{e}_\tau'' \, dx\, dy = -\iint \left(\frac{\partial}{\partial x}(E_z x) \frac{\partial \Psi_\tau}{\partial y} - \frac{\partial}{\partial y}(E_z x) \frac{\partial \Psi_\tau}{\partial x}\right) dx\, dy = 0\,, \tag{2.33a}$$

$$\iint \left(\mathfrak{x}_0 \frac{\partial}{\partial x}(H_z x) + \mathfrak{y}_0 \frac{\partial}{\partial y}(H_z x)\right) \cdot \dot{\mathfrak{h}}_\tau'' \, dx\, dy = -\iint \left(\frac{\partial}{\partial x}(H_z x) \frac{\partial \Psi_\tau}{\partial x} + \frac{\partial}{\partial y}(H_z x) \frac{\partial \Psi_\tau}{\partial y}\right) dx\, dy \tag{2.33b}$$

$$= \iint H_z x \Delta \Psi_\tau \, dx\, dy = -k_\tau''^2 \iint H_z x \Psi_\tau \, dx\, dy = -j \frac{k_\tau''^2}{\omega\mu} \iint \left(\frac{\partial E_y}{\partial x} - \frac{\partial E_x}{\partial y}\right) \Psi_\tau x \, dx\, dy\,.$$

Die Funktionen $k_\tau'' \Psi_\tau$ $(\tau = 1, 2, \ldots)$ bilden mit der normierten Funktion Ψ_0 ein vollständiges normiertes Orthogonalsystem; da nun $\Psi_0 \equiv$ konst. ist und die Tangentialkomponente von E am Rande verschwindet, so gilt

$$\iint \left(\frac{\partial E_y}{\partial x} - \frac{\partial E_x}{\partial y}\right) \Psi_0 \, dx\, dy = 0\,. \tag{2.34}$$

Damit erhält man

$$-j \frac{k_\tau''^2}{\omega\mu} \iint \left(\frac{\partial E_y}{\partial x} - \frac{\partial E_x}{\partial y}\right) \Psi_\tau x \, dx\, dy = -j \frac{k_\tau''^2}{\omega\mu} \sum_{n=1}^{\infty} k_n''^2 \left(\iint \left(\frac{\partial E_y}{\partial x} - \frac{\partial E_x}{\partial y}\right) \Psi_n \, dx\, dy\right) \left(\iint \Psi_\tau \Psi_n x \, dx\, dy\right) \tag{2.33*b}$$

$$= -j \frac{k_\tau''^2}{\omega\mu} \sum_{n=1}^{\infty} k_n''^2 \left(\iint \left(E_x \frac{\partial \Psi_n}{\partial y} - E_y \frac{\partial \Psi_n}{\partial x}\right) dx\, dy\right) \left(\iint \Psi_\tau \Psi_n x \, dx\, dy\right)$$

$$= j \frac{k_\tau''^2}{\omega\mu} \sum_{n=1}^{\infty} k_n''^2 \left(\iint \Psi_\tau \Psi_n x \, dx\, dy\right) V_n''(z)\,.$$

Mittels der in (2.29a) bis (2.33b) gewonnenen Ausdrücke erhalten die Gleichungen (2.28a) und (2.28b) die Gestalt:

$$\frac{d V_\tau''(z)}{dz} = -j\omega\mu I_\tau''(z) + j \frac{\omega\mu}{R} \sum_{n=1}^{\infty} \left[\iint \mathfrak{h}_\tau'' \cdot \mathfrak{h}_n' x \, dx\, dy\right] I_n'(z) \tag{2.34a}$$

$$+ j \frac{\omega\mu}{R} \sum_{n=1}^{\infty} \left[\iint \mathfrak{h}_\tau'' \mathfrak{h}_n'' x \, dx\, dy\right] I_n''(z) + j \frac{\omega\mu}{R} \sum_{n=1}^{N-1} \left[\iint \mathfrak{h}_\tau'' \cdot \mathfrak{h}_n''' x \, dx\, dy\right] I_n'''(z)\,,$$

$$\frac{d I_\tau''(z)}{dz} = j \frac{k_\tau''^2 - \omega^2 \varepsilon\mu}{\omega\mu} V_\tau''(z) + j \frac{\omega\varepsilon}{R} \sum_{n=1}^{\infty} \left[\iint \mathfrak{e}_\tau'' \cdot \mathfrak{e}_n' x \, dx\, dy\right] V_n'(z) \tag{2.34b}$$

$$+ j \frac{\omega\varepsilon}{R} \sum_{n=1}^{\infty} \left[\iint \mathfrak{e}_\tau'' \cdot \mathfrak{e}_n'' x \, dx\, dy\right] V_n''(z) + j \frac{\omega\varepsilon}{R} \sum_{n=1}^{N-1} \left[\iint \mathfrak{e}_\tau'' \cdot \mathfrak{e}_n''' x \, dx\, dy\right] V_n'''(z)$$

$(\tau = 1, 2, \ldots)\,.$

In analoger Weise werden die beiden Gleichungen

$$\frac{d V_\sigma'''(z)}{dz} = -j\omega\mu \iint (\mathfrak{x}_0 H_y - \mathfrak{y}_0 H_x) \cdot \mathfrak{e}_\sigma''' \, dx\, dy + \iint \left(\mathfrak{x}_0 \frac{\partial E_z}{\partial x} + \mathfrak{y}_0 \frac{\partial E_z}{\partial y}\right) \cdot \mathfrak{e}_\sigma''' \, dx\, dy \tag{2.35a}$$

$$+ j \frac{\omega\mu}{R} \iint (\mathfrak{x}_0 H_y - \mathfrak{y}_0 H_x) \cdot \mathfrak{e}_\sigma''' x \, dx\, dy - \frac{1}{R} \iint \left(\mathfrak{x}_0 \frac{\partial}{\partial x}(E_z x) + \mathfrak{y}_0 \frac{\partial}{\partial y}(E_z x)\right) \cdot \mathfrak{e}_\sigma''' \, dx\, dy\,,$$

$$\frac{d I_\sigma'''(z)}{dz} = j\omega\varepsilon \iint (\mathfrak{x}_0 E_y - \mathfrak{y}_0 E_x) \cdot \mathfrak{h}_\sigma''' \, dx\, dy + \iint \left(\mathfrak{x}_0 \frac{\partial H_z}{\partial x} + \mathfrak{y}_0 \frac{\partial H_z}{\partial y}\right) \cdot \mathfrak{h}_\sigma''' \, dx\, dy \tag{2.35b}$$

$$- j \frac{\omega\varepsilon}{R} \iint (\mathfrak{x}_0 E_y - \mathfrak{y}_0 E_x) \cdot \mathfrak{h}_\sigma''' x \, dx\, dy - \frac{1}{R} \iint \left(\mathfrak{x}_0 \frac{\partial}{\partial x}(H_z x) + \mathfrak{y}_0 \frac{\partial}{\partial y}(H_z x)\right) \cdot \mathfrak{h}_\sigma''' \, dx\, dy$$

umgeformt. Es gilt

$$\iint (\mathfrak{x}_0 H_y - \mathfrak{y}_0 H_x) \cdot \mathfrak{e}_\sigma''' \, dx\, dy = I_\sigma'''(z)\,, \tag{2.36a}$$

$$\iint (\mathfrak{x}_0 E_y - \mathfrak{y}_0 E_x) \cdot \mathfrak{h}_\sigma''' \, dx\, dy = - V_\sigma'''(z)\,, \tag{2.36b}$$

$$\iint \left(\mathfrak{x}_0 \frac{\partial E_z}{\partial x} + \mathfrak{y}_0 \frac{\partial E_z}{\partial y}\right) \cdot \mathfrak{e}_\sigma''' \, dx\, dy \tag{2.37a}$$

$$= - \iint \left(\frac{\partial E_z}{\partial x}\frac{\partial X_\sigma}{\partial x} + \frac{\partial E_z}{\partial y}\frac{\partial X_\sigma}{\partial y}\right) dx\, dy = \iint E_z \Delta X_\sigma \, dx\, dy = 0\,,$$

$$\iint \left(\mathfrak{x}_0 \frac{\partial H_z}{\partial x} + \mathfrak{y}_0 \frac{\partial H_z}{\partial y}\right) \cdot \mathfrak{h}_\sigma''' \, dx\, dy = \iint \left(\frac{\partial H_z}{\partial x}\frac{\partial X_\sigma}{\partial y} - \frac{\partial H_z}{\partial y}\frac{\partial X_\sigma}{\partial x}\right) dx\, dy = 0\,, \tag{2.37b}$$

weil X_σ auf dem Rand S konstant ist;

$$\iint (\mathfrak{x}_0 H_y - \mathfrak{y}_0 H_x) \cdot \mathfrak{e}_\sigma''' x \, dx\, dy = \iint (\mathfrak{x}_0 H_x + \mathfrak{y}_0 H_y) \cdot \mathfrak{h}_\sigma''' x \, dx\, dy \tag{2.38a}$$

$$= \sum_{n=1}^{\infty} \left[\iint \mathfrak{h}_\sigma''' \cdot \mathfrak{h}_n' x \, dx\, dy\right] I_n'(z) + \sum_{n=1}^{\infty} \left[\iint \mathfrak{h}_\sigma''' \cdot \mathfrak{h}_n'' x \, dx\, dy\right] I_n''(z)$$

$$+ \sum_{n=1}^{N-1} \left[\iint \mathfrak{h}_\sigma''' \cdot \mathfrak{h}_n''' x \, dx\, dy\right] I_n'''(z)\,,$$

$$\iint (\mathfrak{x}_0 E_y - \mathfrak{y}_0 E_x) \cdot \mathfrak{h}_\sigma''' x \, dx\, dy = - \iint (\mathfrak{x}_0 E_x + \mathfrak{y}_0 E_y) \cdot \mathfrak{e}_\sigma''' x \, dx\, dy \tag{2.38b}$$

$$= - \sum_{n=1}^{\infty} \left[\iint \mathfrak{e}_\sigma''' \cdot \mathfrak{e}_n' x \, dx\, dy\right] V_n'(z) - \sum_{n=1}^{\infty} \left[\iint \mathfrak{e}_\sigma''' \cdot \mathfrak{e}_n'' x \, dx\, dy\right] V_n''(z)$$

$$- \sum_{n=1}^{N-1} \left[\iint \mathfrak{e}_\sigma''' \cdot \mathfrak{e}_n''' x \, dx\, dy\right] V_n'''(z)\,,$$

$$\iint \left(\mathfrak{x}_0 \frac{\partial}{\partial x}(E_z x) + \mathfrak{y}_0 \frac{\partial}{\partial y}(E_z x)\right) \cdot \mathfrak{e}_\sigma''' \, dx\, dy \tag{2.39a}$$

$$= - \iint \left(\frac{\partial}{\partial x}(E_z x)\frac{\partial X_\sigma}{\partial x} + \frac{\partial}{\partial y}(E_z x)\frac{\partial X_\sigma}{\partial y}\right) dx\, dy = \iint E_z x \Delta X_\sigma \, dx\, dy = 0\,,$$

$$\iint \left(\mathfrak{x}_0 \frac{\partial}{\partial x}(H_z x) + \mathfrak{y}_0 \frac{\partial}{\partial y}(H_z x)\right) \cdot \mathfrak{h}_\sigma''' \, dx\, dy = \iint \left(\frac{\partial}{\partial x}(H_z x)\frac{\partial X_\sigma}{\partial y} - \frac{\partial}{\partial y}(H_z x)\frac{\partial X_\sigma}{\partial x}\right) dx\, dy = 0\,. \tag{2.39b}$$

Mit den Ausdrücken (2.36a) bis (2.39b) nehmen die Gleichungen (2.35a) und (2.35b) die Gestalt an:

$$\frac{dV_\sigma'''(z)}{dz} = - j\omega\mu I_\sigma'''(z) + j\frac{\omega\mu}{R} \sum_{n=1}^{\infty} \left[\iint \mathfrak{h}_\sigma''' \mathfrak{h}_n' \cdot x \, dx\, dy\right] I_n'(z) \tag{2.40a}$$

$$+ j\frac{\omega\mu}{R} \sum_{n=1}^{\infty} \left[\iint \mathfrak{h}_\sigma''' \cdot \mathfrak{h}_n'' x \, dx\, dy\right] I_n''(z) + j\frac{\omega\mu}{R} \sum_{n=1}^{N-1} \left[\iint \mathfrak{h}_\sigma''' \cdot \mathfrak{h}_n''' x \, dx\, dy\right] I_n'''(z),$$

$$\frac{dI_\sigma'''(z)}{dz} = - j\omega\varepsilon V_\sigma'''(z) + j\frac{\omega\varepsilon}{R} \sum_{n=1}^{\infty} \left[\iint \mathfrak{e}_\sigma''' \cdot \mathfrak{e}_n' x \, dx\, dy\right] V_n'(z) \tag{2.40b}$$

$$+ j\frac{\omega\varepsilon}{R} \sum_{n=1}^{\infty} \left[\iint \mathfrak{e}_\sigma''' \cdot \mathfrak{e}_n'' x \, dx\, dy\right] V_n''(z) + j\frac{\omega\varepsilon}{R} \sum_{n=1}^{N-1} \left[\iint \mathfrak{e}_\sigma''' \cdot \mathfrak{e}_n''' x \, dx\, dy\right] V_n'''(z)$$

$$(\sigma = 1, \ldots, N-1)\,.$$

Das System (2.27a), (2.27b), (2.34a), (2.34b), (2.40a), (2.40b) sind die Leitungsgleichungen des elektromagnetischen Feldes im gekrümmten Hohlleiter. Setzt man formal $\frac{1}{R} = 0$, so erhält man die Leitungsgleichungen für den zylindrischen Hohlleiter:

$$\left.\begin{aligned}\frac{dV'_\nu(z)}{dz} &= j\,\frac{k'^2_\nu - \omega^2\varepsilon\mu}{\omega\varepsilon}\,I'_\nu(z) \qquad &(2.27^*a)\\ \frac{dI'_\nu(z)}{dz} &= -j\,\omega\varepsilon\,V'_\nu(z) &(2.27^*b)\end{aligned}\right\}(\nu = 1, 2, \ldots),$$

$$\left.\begin{aligned}\frac{dV''_\tau(z)}{dz} &= -j\,\omega\mu\,I''_\tau(z) \qquad &(2.34^*a)\\ \frac{dI''_\tau(z)}{dz} &= j\,\frac{k''^2_\tau - \omega^2\varepsilon\mu}{\omega\mu}\,V''_\tau(z) &(2.34^*b)\end{aligned}\right\}(\tau = 1, 2, \ldots),$$

$$\left.\begin{aligned}\frac{dV'''_\sigma(z)}{dz} &= -j\,\omega\mu\,I'''_\sigma(z) \qquad &(2.40^*a)\\ \frac{dI'''_\sigma(z)}{dz} &= -j\,\omega\varepsilon\,V'''_\sigma(z) &(2.40^*b)\end{aligned}\right\}(\sigma = 1, \ldots, N-1.$$

§ 3. Der Einfluß eines Krümmungsstückes in einer Hohlrohrleitung

Zwei unendlich lange zylindrische Hohlleiterstücke H_1 und H_3 seien durch ein kreisförmig gekrümmtes Stück H_2 von gleichem Querschnittsprofil G verbunden (Abb. 3). Und zwar sollen sich H_1 von $z = -\infty$ bis $z = 0$, H_2 von $z = 0$ bis $z = \alpha R$, H_3 von $z = \alpha R$ bis $z = +\infty$ erstrecken (z wird hierbei durch die Bogenlänge einer Mittellinie dargestellt).

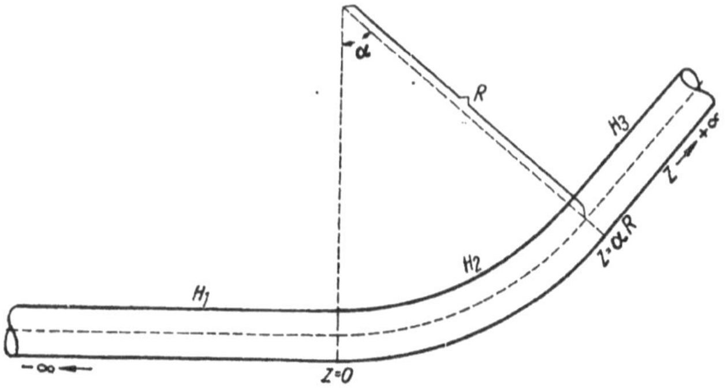

Abb. 3

Wir wollen jetzt das Verhalten elektromagnetischer Felder im Raumgebiet $-\infty < z < +\infty$, $(x, y) \in G$ untersuchen. In den Bereichen $-\infty < z \leq 0$ und $\alpha R \leq z < +\infty$ genügen die Fourierkoeffizienten des Feldes den Differentialgleichungen (2.27*), (2.34*) und (2.40*), während im gekrümmten Teil $0 \leq z \leq \alpha R$ das Differentialgleichungssystem (2.27), (2.34) und (2.40) besteht. An den Stellen $z = 0$ und $z = \alpha R$ müssen wegen der Stetigkeit der in der Querschnittsebene liegenden Komponenten von E und H die Fourierkoeffizienten stetig sein. In den zylindrischen Teilbereichen H_1 und H_3 besitzen die Differentialgleichungen (2.27*) die Lösungen

$$\begin{aligned}V'_\nu(z) = {} & \frac{1}{2}\left[V'_\nu(z_0) + \frac{\sqrt{\omega^2\varepsilon\mu - k'^2_\nu}}{\omega\varepsilon}\,I'_\nu(z_0)\right]\exp\{-j\sqrt{\omega^2\varepsilon\mu - k'^2_\nu}\,(z-z_0)\} \\ & + \frac{1}{2}\left[V'_\nu(z_0) - \frac{\sqrt{\omega^2\varepsilon\mu - k'^2_\nu}}{\omega\varepsilon}\,I'_\nu(z_0)\right]\exp\{j\sqrt{\omega^2\varepsilon\mu - k'^2_\nu}\,(z-z_0)\}\end{aligned} \tag{3.1}$$

$$\begin{aligned}I'_\nu(z) = {} & \frac{1}{2}\,\frac{\omega\varepsilon}{\sqrt{\omega^2\varepsilon\mu - k'^2_\nu}}\left[V'_\nu(z_0) + \frac{\sqrt{\omega^2\varepsilon\mu - k'^2_\nu}}{\omega\varepsilon}\,I'_\nu(z_0)\right]\exp\{-j\sqrt{\omega^2\varepsilon\mu - k'^2_\nu}\,(z-z_0)\} \\ & - \frac{1}{2}\,\frac{\omega\varepsilon}{\sqrt{\omega^2\varepsilon\mu - k'^2_\nu}}\left[V'_\nu(z_0) - \frac{\sqrt{\omega^2\varepsilon\mu - k'^2_\nu}}{\omega\varepsilon}\,I'_\nu(z_0)\right]\exp\{j\sqrt{\omega^2\varepsilon\mu - k'^2_\nu}\,(z-z_0)\}\end{aligned}$$

für alle ν mit $k_\nu'^2 < \omega^2 \varepsilon \mu$;

$$V_\nu'(z) = \frac{1}{2}\left[V_\nu'(z_0) - j\frac{\sqrt{k_\nu'^2 - \omega^2\varepsilon\mu}}{\omega\varepsilon} I_\nu'(z_0)\right] \exp\{-\sqrt{k_\nu'^2 - \omega^2\varepsilon\mu}\,(z - z_0)\} \tag{3.2}$$

$$+\frac{1}{2}\left[V_\nu'(z_0) + j\frac{\sqrt{k_\nu'^2 - \omega^2\varepsilon\mu}}{\omega\varepsilon} I_\nu'(z_0)\right] \exp\{\sqrt{k_\nu'^2 - \omega^2\varepsilon\mu}\,(z - z_0)\}$$

$$I_\nu'(z) = \frac{1}{2}\frac{j\omega\varepsilon}{\sqrt{k_\nu'^2 - \omega^2\varepsilon\mu}}\left[V_\nu'(z_0) - j\frac{\sqrt{k_\nu'^2 - \omega^2\varepsilon\mu}}{\omega\varepsilon} I_\nu'(z_0)\right] \exp\{-\sqrt{k_\nu'^2 - \omega^2\varepsilon\mu}\,(z - z_0)\}$$

$$-\frac{1}{2}\frac{j\omega\varepsilon}{\sqrt{k_\nu'^2 - \omega^2\varepsilon\mu}}\left[V_\nu'(z_0) + j\frac{\sqrt{k_\nu'^2 - \omega^2\varepsilon\mu}}{\omega\varepsilon} I_\nu'(z_0)\right] \exp\{\sqrt{k_\nu'^2 - \omega^2\varepsilon\mu}\,(z - z_0)\}$$

für alle ν mit $k_\nu'^2 > \omega^2 \varepsilon \mu$.

Entsprechend besitzt das Differentialgleichungssystem (2.34*) die Lösungen

$$V_\tau''(z) = \frac{1}{2}\left[V_\tau''(z_0) + \frac{\omega\mu}{\sqrt{\omega^2\varepsilon\mu - k_\tau''^2}} I_\tau''(z_0)\right] \exp\{-j\sqrt{\omega^2\varepsilon\mu - k_\tau''^2}\,(z - z_0)\} \tag{3.3}$$

$$+\frac{1}{2}\left[V_\tau''(z_0) - \frac{\omega\mu}{\sqrt{\omega^2\varepsilon\mu - k_\tau''^2}} I_\tau''(z_0)\right] \exp\{j\sqrt{\omega^2\varepsilon\mu - k_\tau''^2}\,(z - z_0)\}$$

$$I_\tau''(z) = \frac{1}{2}\frac{\sqrt{\omega^2\varepsilon\mu - k_\tau''^2}}{\omega\mu}\left[V_\tau''(z_0) + \frac{\omega\mu}{\sqrt{\omega^2\varepsilon\mu - k_\tau''^2}} I_\tau''(z_0)\right] \exp\{-j\sqrt{\omega^2\varepsilon\mu - k_\tau''^2}\,(z - z_0)\}$$

$$-\frac{1}{2}\frac{\sqrt{\omega^2\varepsilon\mu - k_\tau''^2}}{\omega\mu}\left[V_\tau''(z_0) - \frac{\omega\mu}{\sqrt{\omega^2\varepsilon\mu - k_\tau''^2}} I_\tau''(z_0)\right] \exp\{j\sqrt{\omega^2\varepsilon\mu - k_\tau''^2}\,(z - z_0)\}$$

für alle τ mit $k_\tau''^2 < \omega^2\varepsilon\mu$;

$$V_\tau''(z) = \frac{1}{2}\left[V_\tau''(z_0) + \frac{j\omega\mu}{\sqrt{k_\tau''^2 - \omega^2\varepsilon\mu}} I_\tau''(z_0)\right] \exp\{-\sqrt{k_\tau''^2 - \omega^2\varepsilon\mu}\,(z - z_0)\} \tag{3.4}$$

$$+\frac{1}{2}\left[V_\tau''(z_0) - \frac{j\omega\mu}{\sqrt{k_\tau''^2 - \omega^2\varepsilon\mu}} I_\tau''(z_0)\right] \exp\{\sqrt{k_\tau''^2 - \omega^2\varepsilon\mu}\,(z - z_0)\}$$

$$I_\tau''(z) = -\frac{j\sqrt{k_\tau''^2 - \omega^2\varepsilon\mu}}{2\omega\mu}\left[V_\tau''(z_0) + \frac{j\omega\mu}{\sqrt{k_\tau''^2 - \omega^2\varepsilon\mu}} I_\tau''(z_0)\right] \exp\{-\sqrt{k_\tau''^2 - \omega^2\varepsilon\mu}\,(z - z_0)\}$$

$$+\frac{j\sqrt{k_\tau''^2 - \omega^2\varepsilon\mu}}{2\omega\mu}\left[V_\tau''(z_0) - \frac{j\omega\mu}{\sqrt{k_\tau''^2 - \omega^2\varepsilon\mu}} I_\tau''(z_0)\right] \exp\{\sqrt{k_\tau''^2 - \omega^2\varepsilon\mu}\,(z - z_0)\}$$

für alle τ mit $k_\tau''^2 > \omega^2\varepsilon\mu$.

Das Gleichungssystem (2.40*) besitzt die Lösungen

$$V_\sigma'''(z) = \frac{1}{2}\left[V_\sigma'''(z_0) + \sqrt{\frac{\mu}{\varepsilon}}\, I_\sigma'''(z_0)\right] \exp\{-j\omega\sqrt{\varepsilon\mu}\,(z - z_0)\} \tag{3.5}$$

$$+\frac{1}{2}\left[V_\sigma'''(z_0) - \sqrt{\frac{\mu}{\varepsilon}}\, I_\sigma'''(z_0)\right] \exp\{j\omega\sqrt{\varepsilon\mu}\,(z - z_0)$$

$$I_\sigma'''(z) = \frac{1}{2}\sqrt{\frac{\varepsilon}{\mu}}\left[V_\sigma'''(z_0) + \sqrt{\frac{\mu}{\varepsilon}}\, I_\sigma'''(z_0)\right] \exp\{-j\omega\sqrt{\varepsilon\mu}\,(z - z_0)\}$$

$$-\frac{1}{2}\sqrt{\frac{\varepsilon}{\mu}}\left[V_\sigma'''(z_0) - \sqrt{\frac{\mu}{\varepsilon}}\, I_\sigma'''(z_0)\right] \exp\{j\omega\sqrt{\varepsilon\mu}\,(z - z_0)\}$$

für $\sigma = 1, \ldots, N - 1$.

Es wird verlangt, daß jeder Fourierkoeffizient im Bereich $-\infty < z < +\infty$ beschränkt bleibt; dies hat zur Folge, daß an den Stellen $z = 0$ und $z = \alpha R$ die Bedingungen bestehen müssen:

$$V'_\nu(0) - j\frac{\sqrt{k'^2_\nu - \omega^2 \varepsilon \mu}}{\omega \varepsilon} I'_\nu(0) = 0, \qquad V'_\nu(\alpha R) + j\frac{\sqrt{k'^2_\nu - \omega^2 \varepsilon \mu}}{\omega \varepsilon} I'_\nu(\alpha R) = 0 \tag{3.6}$$

für alle ν mit $k'^2_\nu > \omega^2 \varepsilon \mu$;

$$V''_\tau(0) + j\frac{\omega \mu}{\sqrt{k''^2_\tau - \omega^2 \varepsilon \mu}} I''_\tau(0) = 0, \qquad V''_\tau(\alpha R) - j\frac{\omega \mu}{\sqrt{k''^2_\tau - \omega^2 \varepsilon \mu}} I''_\tau(\alpha R) = 0 \tag{3.7}$$

für alle τ mit $k''^2_\tau > \omega^2 \varepsilon \mu$.

Denn andernfalls würden nach (3.2) und (3.4) Fourierkoeffizienten exponentiell anwachsen. Für die endlich vielen Indizes $\nu = 1, \ldots, \nu_0 - 1$ mit $k'^2_\nu < \omega^2 \varepsilon \mu$; $\tau = 1, \ldots, \tau_0 - 1$ mit $k''^2_\tau < \omega^2 \varepsilon \mu$ und $\sigma = 1, \ldots, N - 1$ verändern sich die zugehörigen Fourierkoeffizienten in den zylindrischen Teilen H_1 und H_3 des Hohlleiters sinusförmig nach den Gleichungen (3.1), (3.3) und (3.5). Dagegen sorgen die Bedingungen (3.6) und (3.7) für exponentielles Abklingen der übrigen Fourierkoeffizienten beim Grenzübergang $z \to +\infty$ bzw. $z \to -\infty$. In genügend großer Entfernung vom Krümmungsstück wird also das elektromagnetische Feld praktisch allein charakterisiert durch die endlich vielen Koeffizienten

$$\begin{matrix} V'_\nu(z) \\ I'_\nu(z) \end{matrix} (\nu = 1, \ldots, \nu_0 - 1); \qquad \begin{matrix} V''_\tau(z) \\ I''_\tau(z) \end{matrix} \tau = 1, \ldots, \tau_0 - 1); \qquad \begin{matrix} V'''_\sigma(z) \\ I'''_\sigma(z) \end{matrix} (\sigma = 1, \ldots, N - 1) \tag{3.8}$$

der elektrischen und der magnetischen Feldstärke. Jedem Paar (V'_ν, I'_ν), (V''_τ, I''_τ), $(V'''_\sigma, I'''_\sigma)$ entspricht dabei ein bestimmter Schwingungstyp des elektromagnetischen Feldes im unendlich langen zylindrischen Hohlleiter, und das allgemeine Feld ist eine Linearkombination aus diesen Partialfeldern:

$$\mathfrak{x}_0 E_x + \mathfrak{y}_0 E_y = \sum V'_\nu(z)\, \mathfrak{e}'_\nu(x, y) + \sum V''_\tau(z)\, \mathfrak{e}''_\tau(x, y) + \sum V'''_\sigma(z)\, \mathfrak{e}'''_\sigma(x, y) \tag{3.9}$$

$$\mathfrak{x}_0 H_x + \mathfrak{y}_0 H_y = \sum I'_\nu(z)\, \mathfrak{h}'_\nu(x, y) + \sum I''_\tau(z)\, \mathfrak{h}''_\tau(x, y) + \sum I'''_\sigma(z)\, \mathfrak{h}'''_\sigma(x, y) \tag{3.10}$$

$$E_z = -j\frac{1}{\omega \varepsilon} \sum k'^2_\nu I'_\nu(z)\, \Phi_\nu(x, y) \tag{3.11}$$

$$H_z = -j\frac{1}{\omega \mu} \sum k''^2_\tau V''_\tau(z)\, \Psi_\tau(x, y). \tag{3.12}$$

Im Hohlleiterstück H_1 ist das Feld (in hinreichender Entfernung von H_2) wegen (3.1), (3.3) und (3.5) durch das System der endlich vielen Fourierkoeffizienten

$$\begin{matrix} V'_\nu(0) \\ I'_\nu(0) \end{matrix} (\nu = 1, \ldots, \nu_0 - 1); \qquad \begin{matrix} V''_\tau(0) \\ I''_\tau(0) \end{matrix} (\tau = 1, \ldots, \tau_0 - 1); \qquad \begin{matrix} V'''_\sigma(0) \\ I'''_\sigma(0) \end{matrix} (\sigma = 1, \ldots, N - 1) \tag{3.13}$$

festgelegt. Entsprechend charakterisiert das System

$$\begin{matrix} V'_\nu(\alpha R) \\ I'_\nu(\alpha R) \end{matrix} (\nu = 1, \ldots, \nu_0 - 1); \qquad \begin{matrix} V''_\tau(\alpha R) \\ I''_\tau(\alpha R) \end{matrix} (\tau = 1, \ldots, \tau_0 - 1); \qquad \begin{matrix} V'''_\sigma(\alpha R) \\ I'''_\sigma(\alpha R) \end{matrix} (\sigma = 1, \ldots, N - 1) \tag{3.14}$$

das elektromagnetische Feld in H_3.

Zwischen den Größen (3.13) und (3.14) besteht ein bestimmter Zusammenhang, der durch die Gültigkeit des Differentialgleichungssystems (2.27), (2.34) und (2.40) in $0 \leq z \leq \alpha R$ gegeben ist. Um bei Vorgabe der Werte (3.13) die zugehörigen Werte (3.14) zu finden, hat man Lösungen des unendlichen Differentialgleichungssystems zu suchen, wobei die Funktionen $V'_z(z), \ldots, I'''_\sigma(z)$ für $\nu < \nu_0$, $\tau < \tau_0$, $\sigma < N$ an der Stelle $z = 0$ die vorgeschriebenen Werte (3.13) annehmen, während für die übrigen Indizes die Randbedingungen (3.6) und (3.7) erfüllt sein sollen. Falls angenommen wird, daß die Werte (3.13) beliebig vorgeschrieben werden können, und daß hierdurch das Wertsystem (3.14) eindeutig bestimmt ist, so kann die Wirkung des Krümmungsstückes durch eine quadratische Matrix vom Grad $2(\nu_0 + \tau_0 + N - 3)$ beschrieben werden; nämlich durch diejenige Matrix, welche das System der $2(\nu_0 + \tau_0 + N - 3)$ Koeffizienten (3.13) in das System (3.14) überführt. Das Analogon in der üblichen Leitungstheorie ist ein System von $(\nu_0 + \tau_0 + N - 3)$ Leitungen, die in ein Netzwerk eingehen und dieses wieder verlassen. Es ist in der Leitungstheorie noch die Darstellung durch die „Reflexionsmatrix" üblich. Man gelangt hierzu in unserem Fall folgendermaßen. Nach (3.1) kann die Abhängigkeit der Funktionen $V_\nu'(z)$, $I_\nu'(z)$ für $\nu < \nu_0$ im zylindrischen Teil H_1 in der Gestalt geschrieben werden

$$V_\nu'(z) = a_\nu'(z_0) \exp\{-j\sqrt{\omega^2\varepsilon\mu - k_\nu'^2}\,(z-z_0)\} + b_\nu'(z_0)\exp\{j\sqrt{\omega^2\varepsilon\mu - k_\nu'^2}\,(z-z_0)\} \tag{3.15}$$

$$I_\nu'(z) = \frac{\omega\varepsilon}{\sqrt{\omega^2\varepsilon\mu - k_\nu'^2}}\, a_\nu'(z_0)\exp\{-j\sqrt{\omega^2\varepsilon\mu - k_\nu'^2}\,(z-z_0)\}$$
$$-\frac{\omega\varepsilon}{\sqrt{\omega^2\varepsilon\mu - k_\nu'^2}}\, b_\nu'(z_0)\exp\{j\sqrt{\omega^2\varepsilon\mu - k_\nu'^2}\,(z-z_0)\}$$

mit

$$a_\nu'(z_0) = \frac{1}{2}\left[V_\nu'(z_0) + \frac{\sqrt{\omega^2\varepsilon\mu - k_\nu'^2}}{\omega\varepsilon} I_\nu'(z_0)\right] \tag{3.16}$$
$$b_\nu'(z_0) = \frac{1}{2}\left[V_\nu'(z_0) - \frac{\sqrt{\omega^2\varepsilon\mu - k_\nu'^2}}{\omega\varepsilon} I_\nu'(z_0)\right],$$

und Entsprechendes gilt für die Funktionen $V_\tau''(z)$, $I_\tau''(z)$ und $V_\sigma'''(z)$, $I_\sigma'''(z)$ für $\tau < \tau_0$, $\sigma < N$. Das Partialfeld (V_ν', I_ν') kann also aufgefaßt werden als Überlagerung zweier Wellenzüge, nämlich einer Welle, die mit der (komplexen) Amplitude $a_\nu'(z_0)$ in Richtung H_2 einfällt, und einer von H_2 reflektierten Welle der Amplitude $b_\nu'(z_0)$. Die Größen $a_\nu'(z)$, $b_\nu'(z)$ in H_1 transformieren sich wegen (3.15) und (3.16) nach den Gleichungen

$$a_\nu'(z) = a_\nu'(z_0)\exp\{-j\sqrt{\omega^2\varepsilon\mu - k_\nu'^2}\,(z-z_0)\} \tag{3.17}$$
$$b_\nu'(z) = b_\nu'(z_0)\exp\{j\sqrt{\omega^2\varepsilon\mu - k_\nu'^2}\,(z-z_0)\}.$$

Ebenso kann das Feld (V_ν', I_ν') in H_3 dargestellt werden als Überlagerung zweier Wellen, von denen eine mit der Amplitude $a_\nu'(z_1)$ in H_2 einfällt, während die andere mit der Amplitude $b_\nu'(z_1)$ von H_2 reflektiert wird; es gilt hierbei nach (3.1)

$$a_\nu'(z_1) = \frac{1}{2}\left[V_\nu'(z_1) - \frac{\sqrt{\omega^2\varepsilon\mu - k_\nu'^2}}{\omega\varepsilon} I_\nu'(z_1)\right] \tag{3.18}$$
$$b_\nu'(z_1) = \frac{1}{2}\left[V_\nu'(z_1) + \frac{\sqrt{\omega^2\varepsilon\mu - k_\nu'^2}}{\omega\varepsilon} I_\nu'(z_1)\right],$$

und diese Größen transformieren sich in H_3 nach den Gleichungen

$$a_\nu'(z) = a_\nu'(z_1)\exp\{j\sqrt{\omega^2\varepsilon\mu - k_\nu'^2}\,(z-z_1)\} \tag{3.19}$$
$$b_\nu'(z) = b_\nu'(z_1)\exp\{-j\sqrt{\omega^2\varepsilon\mu - k_\nu'^2}\,(z-z_1)\}.$$

Falls die $2(\nu_0 + \tau_0 + N - 3)$ Amplituden a der an den Stellen $z = 0$ und $z = \alpha R$ in das Krümmungsstück einfallenden Wellen beliebig vorgeschrieben werden, so sind die Amplituden b der durch die Diskontinuität H_2 verursachten Reflexionen bestimmt durch eine Matrixrelation

$$\mathfrak{b} = \mathfrak{S}\,\mathfrak{a}; \tag{3.20}$$

$\mathfrak{a}$ bzw. $\mathfrak{b}$ soll hierbei eine aus den $2(\nu_0 + \tau_0 + N - 3)$ Größen a bzw. b gebildete einspaltige Matrix bedeuten, während $\mathfrak{S}$ eine quadratische Matrix ist. Der Einfachheit halber seien die $2(\nu_0 + \tau_0 + N - 3)$ Amplituden $a'_\nu(0)$, $a'_\nu(\alpha R)$, $a''_\tau(0)$, $a''_\tau(\alpha R)$, $a'''_\sigma(0)$, $a'''_\sigma(\alpha R)$, $(\nu < \nu_0$, $\tau < \tau_0$, $\sigma < N)$ numeriert von a_1 bis a_M $(M = 2(\nu_0 + \tau_0 + N - 3))$. Entsprechend sollen die Amplituden $b'_\nu(0), \ldots, b'''_\sigma(\alpha R)$ von b_1 bis b_M numeriert sein (jedoch in der Weise, daß für jeden Index n das System (a_n, b_n) einfallende und reflektierte Welle eines gemeinsamen Typs an einer gemeinsamen Stelle $z = 0$ oder $z = \alpha R$ repräsentiert). Die Reflexionsmatrix $\mathfrak{S}$ besitzt dann folgende Eigenschaften:

1. die Matrix $\mathfrak{S}$ ist symmetrisch, $S_{mn} = S_{nm}$;

2. es gilt $\sum_{\beta=1}^{M} S_{\beta m} \overline{S_{\beta n}} = \delta_{mn} = \begin{cases} 1 & \text{wenn } m = n \\ 0 & \text{wenn } m \neq n. \end{cases}$

Diese beiden Eigenschaften ergeben sich aus zwei allgemeinen Relationen der Elektrodynamik, nämlich aus dem Reziprozitätstheorem und dem Energiesatz (siehe hierzu [6]),

Die Bestimmung der Koeffizienten S_{mn} der Matrix $\mathfrak{S}$ geschieht folgendermaßen. Man betrachte eine einzelne einfallende Welle der Amplitude $a_1 = 1$, es sei also $a_\nu = 0$ für $\nu = 2, \ldots, M$. Die entstehenden Reflexionen sind dann gegeben durch

$$b_1 = S_{11},\; b_2 = S_{21}, \ldots, b_M = S_{M1}. \tag{3.21}$$

Es sei etwa $a_1 = a'_l(0)$. Dann gilt

$$\left.\begin{aligned}
\frac{1}{2}\left[V'_l(0) + \frac{\sqrt{\omega^2\varepsilon\mu - k'^2_l}}{\omega\varepsilon} I'_l(0)\right] &= 1, \\
\frac{1}{2}\left[V'_\nu(0) + \frac{\sqrt{\omega^2\varepsilon\mu - k'^2_\nu}}{\omega\varepsilon} I'_\nu(0)\right] &= 0 \quad \text{für } \nu < \nu_0 \text{ und } \nu \neq l, \\
\frac{1}{2}\left[V''_\tau(0) + \frac{\omega\mu}{\sqrt{\omega^2\varepsilon\mu - k''^2_\tau}} I''_\tau(0)\right] &= 0 \quad \text{für } \tau < \tau_0, \\
\frac{1}{2}\left[V'''_\sigma(0) + \sqrt{\frac{\mu}{\varepsilon}}\, I'''_\sigma(0)\right] &= 0 \quad \text{für } \sigma < N, \\
\frac{1}{2}\left[V'_\nu(\alpha R) - \frac{\sqrt{\omega^2\varepsilon\mu - k'^2_\nu}}{\omega\varepsilon} I'_\nu(\alpha R)\right] &= 0 \quad \text{für } \nu < \nu_0, \\
\frac{1}{2}\left[V''_\tau(\alpha R) - \frac{\omega\mu}{\sqrt{\omega^2\varepsilon\mu - k''^2_\tau}} I''_\tau(\alpha R)\right] &= 0 \quad \text{für } \tau < \tau_0, \\
\frac{1}{2}\left[V'''_\sigma(\alpha R) - \sqrt{\frac{\mu}{\varepsilon}}\, I'''_\sigma(\alpha R)\right] &= 0 \quad \text{für } \sigma < N.
\end{aligned}\right\} \tag{3.22}$$

Für die übrigen Indizes $\nu \geq \nu_0$ und $\tau \geq \tau_0$ sind die Bedingungen (3.6) und (3.7) vorgeschrieben. Es handelt sich jetzt darum, das Differentialgleichungssystem (2.27), (2.34), (2.40) mit den Randbedingungen (3.6), (3.7), (3.22) zu lösen. Die Koeffizienten S_{n1} ergeben sich dann nach (3.21) aus den Werten b_n. So ist zum Beispiel

$$S_{11} = b_1 = \frac{1}{2}\left[V'_l(0) - \frac{\sqrt{\omega^2\varepsilon\mu - k'^2_l}}{\omega\varepsilon} I'_l(0)\right].$$

Analog werden die übrigen Koeffizienten S_{mn} bestimmt.

§ 4. Berechnung der Koeffizienten S_{mn} der Reflexionsmatrix für den Fall $\nu_0 = \tau_0 = 1$, $N = 2$

Die Aufgabe, das Differentialgleichungssystem (2.27), (2.34), (2.40) mit den zugehörigen Randbedingungen zu lösen, ist äquivalent mit der Lösung eines unendlichen Systems von Integralgleichungen; die letztere Form, in die sich das Problem überführen läßt, ist für die praktische Berechnung der Reflexionskoeffizienten S_{mn} günstiger. Die Überführung der Differentialgleichungsaufgabe in ein Integralgleichungsproblem soll jetzt für den Spezialfall $\nu_0 = \tau_0 = 1$, $N = 2$ durchgeführt werden; es handelt sich also um ein zweifach zusammenhängendes Gebiet, und der Ausdruck $\omega^2 \varepsilon \mu$ soll kleiner sein als jeder Eigenwert der Differentialgleichung $\Delta \varphi + \lambda \varphi = 0$ für die Randbedingungen $\varphi = 0$ oder $\frac{\partial \varphi}{\partial n} = 0$.

Es sei gesetzt:

$$a_1 = \frac{1}{2}\left[V_1'''(0) + \sqrt{\frac{\mu}{\varepsilon}}\, I_1'''(0)\right]; \quad b_1 = \frac{1}{2}\left[V_1'''(0) - \sqrt{\frac{\mu}{\varepsilon}}\, I_1'''(0)\right] \tag{4.1}$$

$$a_2 = \frac{1}{2}\left[V_1'''(L) - \sqrt{\frac{\mu}{\varepsilon}}\, I_1'''(L)\right]; \quad b_2 = \left[\frac{1}{2}\, V_1'''(L) + \sqrt{\frac{\mu}{\varepsilon}}\, I_1'''(L)\right]$$

$$(L = aR).$$

Dann sollen die Koeffizienten S_{mn} in der Transformation

$$\begin{pmatrix} b_1 \\ b_2 \end{pmatrix} = \begin{pmatrix} S_{11} & S_{12} \\ S_{21} & S_{22} \end{pmatrix} \begin{pmatrix} a_1 \\ a_2 \end{pmatrix} \tag{4.2}$$

bestimmt werden.

Die Differentialgleichungen (2.40a) und (2.40b) sind von der Form

$$\frac{dV_1'''(z)}{dz} = -j\omega\mu\, I_1'''(z) + \frac{1}{R} f_1'''\left(I_1'(z), \ldots; I_1''(z), \ldots; I_1'''(z)\right) \tag{4.3 a}$$

$$\frac{dI_1'''(z)}{dz} = -j\omega\varepsilon\, V_1'''(z) + \frac{1}{R} g_1'''\left(V_1'(z), \ldots; V_1''(z), \ldots; V_1'''(z)\right), \tag{4.3 b}$$

wobei f_1''' bzw. g_1''' lineare Funktionen der Fourierkoeffizienten I bzw. V sind. (4.3a) und (4.3b) sind äquivalent mit den Gleichungen (4.4) und (4.4a)

$$\frac{d}{dz}\left(\frac{1}{2}\left[V_1'''(z) + \sqrt{\frac{\mu}{\varepsilon}}\, I_1'''(z)\right] \exp\{j\omega \sqrt{\varepsilon\mu}\, z\}\right) = \frac{1}{2R}\left(f_1''' + \sqrt{\frac{\mu}{\varepsilon}}\, g_1'''\right) \exp\{j\omega\sqrt{\varepsilon\mu}\, z\} \tag{4.4}$$

$$\frac{d}{dz}\left(\frac{1}{2}\left[V_1'''(z) - \sqrt{\frac{\mu}{\varepsilon}}\, I_1'''(z)\right] \exp\{-j\omega \sqrt{\varepsilon\mu}\, z\}\right) = \frac{1}{2R}\left(f_1''' - \sqrt{\frac{\mu}{\varepsilon}}\, g_1'''\right) \exp\{-j\omega\sqrt{\varepsilon\mu}\, z\}. \tag{4.4 a}$$

Aus diesen Gleichungen folgt durch Integration beider Seiten

$$\frac{1}{2}\left[V_1'''(z) + \sqrt{\frac{\mu}{\varepsilon}}\, I_1'''(z)\right] \exp\{j\omega\sqrt{\varepsilon\mu} z\} - \frac{1}{2}\left[V_1'''(0) + \sqrt{\frac{\mu}{\varepsilon}}\, I_1'''(0)\right] \tag{4.5}$$

$$= \frac{1}{2R} \int_0^z \left(f_1'''(I_1'(\xi), \ldots) + \sqrt{\frac{\mu}{\varepsilon}}\, g_1'''(V_1'(\xi), \ldots)\right) \exp\{j\omega\sqrt{\varepsilon\mu}\, \xi\}\, d\xi$$

$$\frac{1}{2}\left[V_1'''(z) - \sqrt{\frac{\mu}{\varepsilon}}\, I_1'''(z)\right] \exp\{-j\omega\sqrt{\varepsilon\mu}\, z\} - \frac{1}{2}\left[V_1'''(L) - \sqrt{\frac{\mu}{\varepsilon}}\, I_1'''(L)\right] \exp\{-j\omega\sqrt{\varepsilon\mu}\, L\} \tag{4.5 a}$$

$$= -\frac{1}{2R} \int_z^L \left(f_1'''(I_1'(\xi), \ldots) - \sqrt{\frac{\mu}{\varepsilon}}\, g_1'''(V_1'(\xi), \ldots)\right) \exp\{-j\omega\sqrt{\varepsilon\mu}\, \xi\}\, d\xi.$$

Wegen (4.1) ergibt sich

$$\frac{1}{2}\left[V_1'''(z)+\sqrt{\frac{\mu}{\varepsilon}}\,I_1'''(z)\right]=a_1\exp\{-j\omega\sqrt{\varepsilon\mu}\,z\} \tag{4.6}$$

$$+\frac{1}{2R}\exp\{-j\omega\sqrt{\varepsilon\mu}\,z\}\int_0^z\left(f_1'''+\sqrt{\frac{\mu}{\varepsilon}}\,g_1'''\right)\exp\{j\omega\sqrt{\varepsilon\mu}\,\xi\}\,d\xi.$$

$$\frac{1}{2}\left[V_1'''(z)-\sqrt{\frac{\mu}{\varepsilon}}\,I_1'''(z)\right]=a_2\exp\{-j\omega\sqrt{\varepsilon\mu}\,(L-z)\} \tag{4.6a}$$

$$-\frac{1}{2R}\exp\{j\omega\sqrt{\varepsilon\mu}\,z\}\int_z^L\left(f_1'''-\sqrt{\frac{\mu}{\varepsilon}}\,g_1'''\right)\exp\{-j\omega\sqrt{\varepsilon\mu}\,\xi\}\,d\xi.$$

Die Differentialgleichungen (2.27a) und (2.27b) haben die Gestalt

$$\frac{d\,V_\nu'(z)}{dz}=j\,\frac{k_\nu'^2-\omega^2\varepsilon\mu}{\omega\varepsilon}\,I_\nu'(z)+\frac{1}{R}\,f_\nu'\,(I_1'(z),\ldots) \tag{4.7a}$$

$$\frac{d\,I_\nu'(z)}{dz}=-j\,\omega\,\varepsilon\,V_\nu'(z)+\frac{1}{R}\,g_\nu'\,(V_1'(z),\ldots). \tag{4.7b}$$

Sie sind äquivalent mit den beiden Gleichungen

$$\frac{d}{dz}\left(\frac{1}{2}\left[V_\nu'(z)-j\,\frac{\sqrt{k_\nu'^2-\omega^2\varepsilon\mu}}{\omega\varepsilon}\,I_\nu'(z)\right]\exp\{\sqrt{k_\nu'^2-\omega^2\varepsilon\mu}\,z\}\right) \tag{4.8}$$

$$=\frac{1}{2R}\left(f_\nu'-j\,\frac{\sqrt{k_\nu'^2-\omega^2\varepsilon\mu}}{\omega\varepsilon}\,g_\nu'\right)\exp\{\sqrt{k_\nu'^2-\omega^2\varepsilon\mu}\,z\}$$

$$\frac{d}{dz}\left(\frac{1}{2}\left[V_\nu'(z)+j\,\frac{\sqrt{k_\nu'^2-\omega^2\varepsilon\mu}}{\omega\varepsilon}\,I_\nu'(z)\right]\exp\{-\sqrt{k_\nu'^2-\omega^2\varepsilon\mu}\,z\}\right) \tag{4.8a}$$

$$=\frac{1}{2R}\left(f_\nu'+j\,\frac{\sqrt{k_\nu'^2-\omega^2\varepsilon\mu}}{\omega\varepsilon}\,g_\nu'\right)\exp\{-\sqrt{k_\nu'^2-\omega^2\varepsilon\mu}\,z\}.$$

Hieraus erhält man

$$\frac{1}{2}\left[V_\nu'(z)-j\,\frac{\sqrt{k_\nu'^2-\omega^2\varepsilon\mu}}{\omega\varepsilon}\,I_\nu'(z)\right]\exp\{\sqrt{k_\nu'^2-\omega^2\varepsilon\mu}\,z\}-\frac{1}{2}\left[V_\nu'(0)-j\,\frac{\sqrt{k_\nu'^2-\omega^2\varepsilon\mu}}{\omega\varepsilon}\,I_\nu'(0)\right] \tag{4.9}$$

$$=\frac{1}{2R}\int_0^z\left(f_\nu'-j\,\frac{\sqrt{k_\nu'^2-\omega^2\varepsilon\mu}}{\omega\varepsilon}\,g_\nu'\right)\exp\{\sqrt{k_\nu'^2-\omega^2\varepsilon\mu}\,\xi\}\,d\xi$$

$$\frac{1}{2}\left[V_\nu'(z)+j\,\frac{\sqrt{k_\nu'^2-\omega^2\varepsilon\mu}}{\omega\varepsilon}\,I_\nu'(z)\right]\exp\{-\sqrt{k_\nu'^2-\omega^2\varepsilon\mu}\,z\} \tag{4.9a}$$

$$-\frac{1}{2}\left[V_\nu'(L)+j\,\frac{\sqrt{k_\nu'^2-\omega^2\varepsilon\mu}}{\omega\varepsilon}\,I_\nu'(L)\right]\exp\{-\sqrt{k_\nu'^2-\omega^2\varepsilon\mu}\,L\}$$

$$=-\frac{1}{2R}\int_z^L\left(f_\nu'+j\,\frac{\sqrt{k_\nu'^2-\omega^2\varepsilon\mu}}{\omega\varepsilon}\,g_\nu'\right)\exp\{-\sqrt{k_\nu'^2-\omega^2\varepsilon\mu}\,\xi\}\,d\xi.$$

Da nun die Koeffizienten V_ν', I_ν' den Randbedingungen (3.6) genügen müssen, so folgt aus (4.9) und (4.9a)

$$\frac{1}{2}\left[V_\nu'(z)-j\,\frac{\sqrt{k_\nu'^2-\omega^2\varepsilon\mu}}{\omega\varepsilon}\,I_\nu'(z)\right]=\frac{1}{2R}\exp\{-\sqrt{k_\nu'^2-\omega^2\varepsilon\mu}\,z\}\times \tag{4.10}$$

$$\times\int_0^z\left(f_\nu'-j\,\frac{\sqrt{k_\nu'^2-\omega^2\varepsilon\mu}}{\omega\varepsilon}\,g_\nu'\right)\exp\{\sqrt{k_\nu'^2-\omega^2\varepsilon\mu}\,\xi\}\,d\xi$$

$$\frac{1}{2}\left[V'_\nu(z)+j\frac{\sqrt{k_\nu'^2-\omega^2\varepsilon\mu}}{\omega\varepsilon}I'_\nu(z)\right]=-\frac{1}{2R}\exp\{\sqrt{k_\nu'^2-\omega^2\varepsilon\mu}\,z\}\times \tag{4.10 a}$$

$$\times\int_z^L\left(f'_\nu+j\frac{\sqrt{k_\nu'^2-\omega^2\varepsilon\mu}}{\omega\varepsilon}g'_\nu\right)\exp\{-\sqrt{k_\nu'^2-\omega^2\varepsilon\mu}\,\xi\}\,d\xi$$

für $\nu=1,2,\ldots$.

Die Differentialgleichungen (2.34a) und 2.34b) sind von der Form

$$\frac{dV''_\tau(z)}{dz}=-j\omega\mu I''_\tau(z)+\frac{1}{R}f''_\tau(I'_1(z),\ldots) \tag{4.11 a}$$

$$\frac{dI''_\tau(z)}{dz}=j\frac{k_\tau''^2-\omega^2\varepsilon\mu}{\omega\mu}V''_\tau(z)+\frac{1}{R}g''_\tau(V'_1(z),\ldots) \tag{4.11 b}$$

und äquivalent mit den Gleichungen

$$\frac{d}{dz}\left(\frac{1}{2}\left[V''_\tau(z)+j\frac{\omega\mu}{\sqrt{k_\tau''^2-\omega^2\varepsilon\mu}}I''_\tau(z)\right]\exp\{\sqrt{k_\tau''^2-\omega^2\varepsilon\mu}\,z\}\right) \tag{4.12}$$

$$=\frac{1}{2R}\left(f''_\tau+j\frac{\omega\mu}{\sqrt{k_\tau''^2-\omega^2\varepsilon\mu}}g''_\tau\right)\exp\{\sqrt{k_\tau''^2-\omega^2\varepsilon\mu}\,z\}$$

$$\frac{d}{dz}\left(\frac{1}{2}\left[V''_\tau(z)-j\frac{\omega\mu}{\sqrt{k_\tau''^2-\omega^2\varepsilon\mu}}I''_\tau(z)\right]\exp\{-\sqrt{k_\tau''^2-\omega^2\varepsilon\mu}\,z\}\right) \tag{4.12 a}$$

$$=\frac{1}{2R}\left(f''_\tau-j\frac{\omega\mu}{\sqrt{k_\tau''^2-\omega^2\varepsilon\mu}}g''_\tau\right)\exp\{-\sqrt{k_\tau''^2-\omega^2\varepsilon\mu}\,z\}\,.$$

Hieraus folgt

$$\frac{1}{2}\left[V''_\tau(z)+j\frac{\omega\mu}{\sqrt{k_\tau''^2-\omega^2\varepsilon\mu}}I''_\tau(z)\right]\exp\{\sqrt{k_\tau''^2-\omega^2\varepsilon\mu}\,z\} \tag{4.13}$$

$$-\frac{1}{2}\left[V''_\tau(0)+j\frac{\omega\mu}{\sqrt{k_\tau''^2-\omega^2\varepsilon\mu}}I''_\tau(0)\right]=\frac{1}{2R}\int_0^z\left(f''_\tau+j\frac{\omega\mu}{\sqrt{k_\tau''^2-\omega^2\varepsilon\mu}}g''_\tau\right)\exp\{\sqrt{k_\tau''^2-\omega^2\varepsilon\mu}\,\xi\}\,d\xi$$

$$\frac{1}{2}\left[V''_\tau(z)-j\frac{\omega\mu}{\sqrt{k_\tau''^2-\omega^2\varepsilon\mu}}I''_\tau(z)\right]\exp\{-\sqrt{k_\tau''^2-\omega^2\varepsilon\mu}\,z\} \tag{4.13 a}$$

$$-\frac{1}{2}\left[V''_\tau(L)-j\frac{\omega\mu}{\sqrt{k''_\tau-\omega^2\varepsilon\mu}}I''_\tau(L)\right]\exp\{-\sqrt{k_\tau''^2-\omega^2\varepsilon\mu}\,L\}$$

$$=-\frac{1}{2R}\int_z^L\left(f''_\tau-j\frac{\omega\mu}{\sqrt{k_\tau''^2-\omega^2\varepsilon\mu}}g''_\tau\right)\exp\{-\sqrt{k_\tau''^2-\omega^2\varepsilon\mu}\,\xi\}\,d\xi\,.$$

Wegen der Randbedingungen (3.7) erhält man

$$\frac{1}{2}\left[V''_\tau(z)+j\frac{\omega\mu}{\sqrt{k_\tau''^2-\omega^2\varepsilon\mu}}I''_\tau(z)\right]=\frac{1}{2R}\exp\{-\sqrt{k_\tau''^2-\omega^2\varepsilon\mu}\,z\}\times \tag{4.14}$$

$$\times\int_0^z\left(f''_\tau+j\frac{\omega\mu}{\sqrt{k_\tau''^2-\omega^2\varepsilon\mu}}g''_\tau\right)\exp\{\sqrt{k_\tau''^2-\omega^2\varepsilon\mu}\,\xi\}\,d\xi\,.$$

$$\frac{1}{2}\left[V''_\tau(z)-j\frac{\omega\mu}{\sqrt{k_\tau''^2-\omega^2\varepsilon\mu}}I''_\tau(z)\right]=-\frac{1}{2R}\exp\{\sqrt{k_\tau''^2-\omega^2\varepsilon\mu}\,z\}\times \tag{4.14 a}$$

$$\times\int_z^L\left(f''_\tau-j\frac{\omega\mu}{\sqrt{k_\lambda''^2-\omega^2\varepsilon\mu}}g''_\tau\right)\exp\{-\sqrt{k_\tau''^2-\omega^2\varepsilon\mu}\,\xi\}\,d\xi \qquad \text{für } \tau=1,2,\ldots.$$

Es handelt sich jetzt darum, bei gegebenen Koeffizienten a_1 und a_2 das Integralgleichungssystem (4.6), (4.6a), (4.10), (4.10a), (4.14), (4.14a) zu lösen. Dann ergeben sich die zugehörigen

Koeffizienten b_1 und b_2 nach (4.6) und (4.6a) wegen (4.1) aus den Gleichungen

$$b_1 = a_2 \exp\{-j\omega\sqrt{\varepsilon\mu}\, L\} - \frac{1}{2R}\int_0^L \left(f_1'''(I_1'(\xi),\ldots) - \sqrt{\frac{\mu}{\varepsilon}}\, g_1'''(V_1'(\xi),\ldots)\right)\exp\{-j\omega\sqrt{\varepsilon\mu}\,\xi\}\, d\xi \tag{4.15}$$

$$b_2 = a_1 \exp\{-j\omega\sqrt{\varepsilon\mu}\, L\} + \frac{1}{2R}\exp\{-j\omega\sqrt{\varepsilon\mu}\, L\}\int_0^L \left(f_1'''(I_1'(\xi),\ldots) + \sqrt{\frac{\mu}{\varepsilon}}\, g_1'''(V_1'(\xi),\ldots)\right)\exp\{j\omega\sqrt{\varepsilon\mu}\,\xi\}\, d\xi . \tag{4.15a}$$

Um die Koeffizienten S_{11} und S_{21} zu bestimmen, hat man die Lösung für den Fall $a_1 = 1$, $a_2 = 0$ zu suchen. Es gilt dann nach (4.2)

$$S_{11} = -\frac{1}{2R}\int_0^L \left(f_1'''(I_1'(\xi),\ldots) - \sqrt{\frac{\mu}{\varepsilon}}\, g_1'''(V_1'(\xi),\ldots)\right)\exp\{-j\omega\sqrt{\varepsilon\mu}\,\xi\}\, d\xi \tag{4.16}$$

$$S_{21} = \exp\{-j\omega\sqrt{\varepsilon\mu}\, L\} + \frac{1}{2R}\exp\{-j\omega\sqrt{\varepsilon\mu}\, L\}\int_0^L \left(f_1'''(I_1'(\xi),\ldots) + \sqrt{\frac{\mu}{\varepsilon}}\, g_1'''(V_1'(\xi),\ldots)\right)\exp\{j\omega\sqrt{\varepsilon\mu}\,\xi\}\, d\xi . \tag{4.16a}$$

Als 0-te Näherungslösung des Integralgleichungssystems soll das System der Koeffizienten

$$\begin{matrix} V_\nu'(z) = 0 \\ I_\nu'(z) = 0 \end{matrix}\ (\nu = 1, 2, \ldots); \quad \begin{matrix} V_\tau''(z) = 0 \\ I_\tau''(z) = 0 \end{matrix}\ (\tau = 1, 2, \ldots); \quad \begin{matrix} V_1'''(z) = \exp\{-j\omega\sqrt{\varepsilon\mu}\, z\} \\ I_1'''(z) = \sqrt{\frac{\varepsilon}{\mu}}\exp\{-j\omega\sqrt{\varepsilon\mu}\, z\} \end{matrix} \tag{4.17}$$

verwendet werden, das man für den Fall $\frac{1}{R} = 0$ erhält. Die höheren Näherungen ergeben sich durch Iteration; man erhält die n-te Näherungslösung, indem man in den Integralausdrücken von (4.6), (4.6a), (4.10), (4.10a), (4.14), (4.14a) für die Fourierkoeffizienten die $(n-1)$-te Näherung einsetzt. Für die Reflexionskoeffizienten S_{11} und S_{21} erhält man die n-te Näherung, indem man auf den rechten Seiten der Gleichungen (4.16) und (4.16a) die $(n-1)$-te Näherungslösung der Fourierkoeffizienten einsetzt. Aus der 0-ten Näherungslösung (4.17) erhält man mit (4.16) und (4.16a) die 1-te Näherung der Reflexionskoeffizienten. Es ergibt sich

$$S_{11}(1) = 0 \tag{4.18}$$

$$S_{21}(1) = \exp\{-j\omega\sqrt{\varepsilon\mu}\, L\} + j\frac{1}{R}\omega\sqrt{\varepsilon\mu}\, L \iint \mathfrak{e}_1'''^2\, x\, dx\, dy \exp\{-j\omega\sqrt{\varepsilon\mu}\, L\}, \tag{4.18a}$$

da nach (2.11) $\iint \mathfrak{h}_1'''^2\, x\, dx\, dy = \iint \mathfrak{e}_1'''^2\, x\, dx\, dy$ ist.

Nun war die Lage der Leitlinie, und damit der Ursprung des (x, y)-Koordinatensystems in G, noch willkürlich. Die Leitlinie kann jedoch stets so gelegt werden, daß das Integral $\iint \mathfrak{e}_1'''^2\, x\, dx\, dy$ gleich Null ist.

Dies soll von jetzt ab gelten; es ist dann in der 1-ten Näherung

$$S_{11}(1) = 0, \quad S_{21}(1) = \exp\{-j\omega\sqrt{\varepsilon\mu}\, L\}. \tag{4.19}$$

Analog erhält man

$$S_{12}(1) = \exp\{-j\omega\sqrt{\varepsilon\mu}\, L\}, \quad S_{22}(1) = 0. \tag{4.19a}$$

Das Krümmungsstück wirkt also bei dieser Wahl der Leitlinie in erster Näherung wie ein zylindrisches Stück der Länge L, erst bei den höheren Näherungen macht sich die Krümmung als eine Reflexionen verursachende Diskontinuität bemerkbar.

Um die 2-te Näherung der Koeffizienten S_{mn} zu berechnen, sind die 1-ten Näherungs-Lösungen $V_\nu'(z;1)$, $I_\nu'(z;1)$ und $V_\tau''(z;1)$, $I_\tau''(z;1)$ erforderlich. Aus (4.10) und (4.10a) erhält man

$$\frac{1}{2}\left[V'_\nu(z;1) - j\frac{\sqrt{k'^2_\nu-\omega^2\varepsilon\mu}}{\omega\varepsilon} I'_\nu(z;1)\right] = \frac{1}{2R}\exp\{-\sqrt{k'^2_\nu-\omega^2\varepsilon\mu}\, z\} \times \tag{4.20}$$

$$\times \int_0^z \left(f'_\nu(I'_1(\xi;0),\ldots) - j\frac{\sqrt{k'^2_\nu-\omega^2\varepsilon\mu}}{\omega\varepsilon} g'_\nu(V'_1(\xi;0),\ldots)\right)\exp\{\sqrt{k'^2_\nu-\omega^2\varepsilon\mu}\,\xi\}\, d\xi$$

$$= \frac{(\sqrt{k'^2_\nu-\omega^2\varepsilon\mu}+j\omega\sqrt{\varepsilon\mu})^2}{2Rk'^2_\nu}\iint \mathfrak{e}'''_1\cdot\mathfrak{e}'_\nu x\,dx\,dy[\exp\{-j\omega\sqrt{\varepsilon\mu}\,z\} - \exp\{-\sqrt{k'^2_\nu-\omega^2\varepsilon\mu}\,z\}]$$

$$\frac{1}{2}\left[V'_\nu(z;1) + j\frac{\sqrt{k'^2_\nu-\omega^2\varepsilon\mu}}{\omega\varepsilon} I'_\nu(z;1)\right] = -\frac{1}{2R}\exp\{\sqrt{k'^2_\nu-\omega^2\varepsilon\mu}\, z\} \times \tag{4.20a}$$

$$\times \int_z^L \left(f'_\nu(I'_1(\xi;0),\ldots) + j\frac{\sqrt{k'^2_\nu-\omega^2\varepsilon\mu}}{\omega\varepsilon} g'_\nu(V'_1(\xi;0),\ldots)\right)\exp\{-\sqrt{k'^2_\nu-\omega^2\varepsilon\mu}\,\xi\}\, d\xi$$

$$= \frac{(\sqrt{k'^2_\nu-\omega^2\varepsilon\mu}-j\omega\sqrt{\varepsilon\mu})^2}{2Rk'^2_\nu}\times$$

$$\times\iint \mathfrak{e}'''_1\cdot\mathfrak{e}'_\nu x\,dx\,dy[\exp\{-j\omega\sqrt{\varepsilon\mu}\,z\} - \exp\{-\sqrt{k'^2_\nu-\omega^2\varepsilon\mu}\,(L-z) - j\omega\sqrt{\varepsilon\mu}\,L\}].$$

Hieraus folgt

$$V'_\nu(z;1) = \frac{1}{2Rk'^2_\nu}\iint \mathfrak{e}'''_1\cdot\mathfrak{e}'_\nu x\,dx\,dy\Big((-4\omega^2\varepsilon\mu + 2k'^2_\nu)\exp\{-j\omega\sqrt{\varepsilon\mu}\,z\} \tag{4.21}$$

$$-(\sqrt{k'^2_\nu-\omega^2\varepsilon\mu}+j\omega\sqrt{\varepsilon\mu})^2\exp\{-\sqrt{k'^2_\nu-\omega^2\varepsilon\mu}\,z\}$$

$$-(\sqrt{k'^2_\nu-\omega^2\varepsilon\mu}-j\omega\sqrt{\varepsilon\mu})^2\exp\{-\sqrt{k'^2_\nu-\omega^2\varepsilon\mu}\,(L-z)-j\omega\sqrt{\varepsilon\mu}\,L\}\Big)$$

$$I'_\nu(z;1) = \frac{1}{2Rk'^2_\nu}\iint \mathfrak{e}'''_1\cdot\mathfrak{e}'_\nu x\,dx\,dy\Big(-4\omega^2\varepsilon\mu\sqrt{\frac{\varepsilon}{\mu}}\exp\{-j\omega\sqrt{\varepsilon\mu}\,z\} \tag{4.22}$$

$$-j\frac{\omega\varepsilon}{\sqrt{k'^2_\nu-\omega^2\varepsilon\mu}}(\sqrt{k'^2_\nu-\omega^2\varepsilon\mu}+j\omega\sqrt{\varepsilon\mu})^2\exp\{-\sqrt{k'^2_\nu-\omega^2\varepsilon\mu}\,z\}$$

$$+j\frac{\omega\varepsilon}{\sqrt{k'^2_\nu-\omega^2\varepsilon\mu}}(\sqrt{k'^2_\nu-\omega^2\varepsilon\mu}-j\omega\sqrt{\varepsilon\mu})^2\exp\{-\sqrt{k'^2_\nu-\omega^2\varepsilon\mu}\,(L-z)-j\omega\sqrt{\varepsilon\mu}\,L\}\Big)$$

Aus (4.14) und (4.14a) ergibt sich

$$\frac{1}{2}\left[V''_\tau(z;1) + j\frac{\omega\mu}{\sqrt{k''^2_\tau-\omega^2\varepsilon\mu}} I''_\tau(z;1)\right] = \frac{1}{2R}\exp\{-\sqrt{k''^2_\tau-\omega^2\varepsilon\mu}\, z\} \times \tag{4.23}$$

$$\times \int_0^z \left(f''_\tau(I'_1(\xi;0),\ldots) + j\frac{\omega\mu}{\sqrt{k''^2_\tau-\omega^2\varepsilon\mu}} g''_\tau(V'_1(\xi;0),\ldots)\right)\exp\{\sqrt{k''^2_\tau-\omega^2\varepsilon\mu}\,\xi\}\, d\xi$$

$$= j\frac{\omega\sqrt{\varepsilon\mu}}{\sqrt{k''^2_\tau-\omega^2\varepsilon\mu}}\,\frac{(\sqrt{k''^2_\tau-\omega^2\varepsilon\mu}+j\omega\sqrt{\varepsilon\mu})^2}{2Rk''^2_\tau}\times$$

$$\times\iint \mathfrak{e}'''_1\cdot\mathfrak{e}''_\tau x\,dx\,dy[\exp\{j\omega\sqrt{\varepsilon\mu}\,z\} - \exp\{-\sqrt{k''^2_\tau-\omega^2\varepsilon\mu}\,z\}]$$

$$\frac{1}{2}\left[V''_\tau(z;1) - j\frac{\omega\mu}{\sqrt{k''^2_\tau-\omega^2\varepsilon\mu}} I''_\tau(z;1)\right] = -\frac{1}{2R}\exp\{\sqrt{k''^2_\tau-\omega^2\varepsilon\mu}\, z\} \times \tag{4.23a}$$

$$\times \int_z^L \left(f''_\tau(I'_1(\xi;0),\ldots) - j\frac{\omega\mu}{\sqrt{k''^2_\tau-\omega^2\varepsilon\mu}} g''_\tau(V'_1(\xi;0),\ldots)\right)\exp\{-\sqrt{k''^2_\tau-\omega^2\varepsilon\mu}\,\xi\}\, d\xi$$

$$= j\frac{\omega\sqrt{\varepsilon\mu}}{\sqrt{k''^2_\tau-\omega^2\varepsilon\mu}}\,\frac{(\sqrt{k''^2_\tau-\omega^2\varepsilon\mu}-j\omega\sqrt{\varepsilon\mu})^2}{2Rk''^2_\tau}\times$$

$$\times\iint \mathfrak{e}'''_1\cdot\mathfrak{e}''_\tau x\,dx\,dy[-\exp\{-j\omega\sqrt{\varepsilon\mu}\,z\} + \exp\{-\sqrt{k''^2_\tau-\omega^2\varepsilon\mu}\,(L-z) - j\omega\sqrt{\varepsilon\mu}\,L\}].$$

Hieraus erhält man

$$V_\tau''(z;1) = j\frac{\omega\sqrt{\varepsilon\mu}}{2Rk_\tau''^2\sqrt{k_\tau''^2-\omega^2\varepsilon\mu}}\iint \mathfrak{e}_1'''\cdot\mathfrak{e}_\tau''\,x\,dx\,dy\Big(j4\omega\sqrt{\varepsilon\mu}\sqrt{k_\tau''^2-\omega^2\varepsilon\mu}\exp\{-j\omega\sqrt{\varepsilon\mu}\,z\} \tag{4.24}$$

$$-(\sqrt{k_\tau''^2-\omega^2\varepsilon\mu}+j\omega\sqrt{\varepsilon\mu})^2\exp\{-\sqrt{k_\tau''^2-\omega^2\varepsilon\mu}\,z\}$$

$$+(\sqrt{k_\tau''^2-\omega^2\varepsilon\mu}-j\omega\sqrt{\varepsilon\mu})^2\exp\{-\sqrt{k_\tau''^2-\omega^2\varepsilon\mu}\,(L-z)-j\omega\sqrt{\varepsilon\mu}\,L\}\Big)$$

$$I_\tau''(z;1) = \frac{1}{2Rk_\tau''^2}\sqrt{\frac{\varepsilon}{\mu}}\iint \mathfrak{e}_1'''\cdot\mathfrak{e}_\tau''\,x\,dx\,dy\Big((-4\omega^2\varepsilon\mu+2k_\tau''^2)\exp\{-j\omega\sqrt{\varepsilon\mu}\,z\} \tag{4.25}$$

$$-(\sqrt{k_\tau''^2-\omega^2\varepsilon\mu}+j\omega\sqrt{\varepsilon\mu})^2\exp\{-\sqrt{k_\tau''^2-\omega^2\varepsilon\mu}\,z\}$$

$$-(\sqrt{k_\tau''^2-\omega^2\varepsilon\mu}-j\omega\sqrt{\varepsilon\mu})^2\exp\{-\sqrt{k_\tau''^2-\omega^2\varepsilon\mu}\,(L-z)-j\omega\sqrt{\varepsilon\mu}\,L\}\Big).$$

Es gilt ferner nach (4.6) und (4.6a)

$$\frac{1}{2}\left[V_1'''(z;1)+\sqrt{\frac{\mu}{\varepsilon}}\,I_1'''(z;1)\right] = \exp\{-j\omega\sqrt{\varepsilon\mu}\,z\}+\frac{1}{2R}\exp\{-j\omega\sqrt{\varepsilon\mu}\,z\}\times \tag{4.26}$$

$$\times\int_0^z\Big(f_1'''(I_1'(\xi;0),\ldots)+\sqrt{\frac{\mu}{\varepsilon}}\,g_1'''(V_1'(\xi;0),\ldots)\Big)\exp\{j\omega\sqrt{\varepsilon\mu}\,\xi\}\,d\xi = \exp\{-j\omega\sqrt{\varepsilon\mu}\,z\}$$

$$\frac{1}{2}\left[V_1'''(z;1)-\sqrt{\frac{\mu}{\varepsilon}}\,I_1'''(z;1)\right] = -\frac{1}{2R}\exp\{j\omega\sqrt{\varepsilon\mu}\,z\}\times \tag{4.26a}$$

$$\times\int_z^L\Big(f_1'''(I_1'(\xi;0),\ldots)-\sqrt{\frac{\mu}{\varepsilon}}\,g_1'''(V_1'(\xi;0),\ldots)\Big)\exp\{-j\omega\sqrt{\varepsilon\mu}\,\xi\}\,d\xi = 0,$$

also ist

$$V_1'''(z;1) = \exp\{-j\omega\sqrt{\varepsilon\mu}\,z\};\quad I_1'''(z;1) = \sqrt{\frac{\varepsilon}{\mu}}\exp\{-j\omega\sqrt{\varepsilon\mu}\,z\}. \tag{4.27}$$

Aus (4.16) ergibt sich für die 2-te Näherung des Koeffizienten S_{11}

$$S_{11}(2) = -\frac{1}{2R}\int_0^L\Big(f_1'''(I_1'(\xi;1),\ldots)-\sqrt{\frac{\mu}{\varepsilon}}\,g_1'''(V_1'(\xi;1),\ldots)\Big)\exp\{-j\omega\sqrt{\varepsilon\mu}\,\xi\}\,d\xi \tag{4.28}$$

$$= -\frac{1}{2R}\int_0^L j\omega\Big(\sum_{n=1}^{\infty}\left[\iint\mathfrak{e}_1'''\cdot\mathfrak{e}_n'\,x\,dx\,dy\right](\mu I_n'(\xi;1)-\sqrt{\varepsilon\mu}\,V_n'(\xi;1))$$

$$+\sum_{n=1}^{\infty}\left[\iint\mathfrak{e}_1'''\cdot\mathfrak{e}_n''\,x\,dx\,dy\right](\mu I_n''(\xi;1)-\sqrt{\varepsilon\mu}\,V_n''(\xi;1))\Big)\exp\{-j\omega\sqrt{\varepsilon\mu}\,\xi\}\,d\xi.$$

Setzt man für die Fourierkoeffizienten die Ausdrücke (4.21), (4.22), (4.24), (4.25) ein, so erhält man

$$S_{11}(2) = j\frac{\omega\sqrt{\varepsilon\mu}}{4R^2}\int_0^L\Big(\sum_{n=1}^{\infty}[\iint\mathfrak{e}_1'''\cdot\mathfrak{e}_n'\,x\,dx\,dy]^2\Big[2\exp\{-j\omega\sqrt{\varepsilon\mu}\,\xi\} \tag{4.29}$$

$$-\frac{(\sqrt{k_n'^2-\omega^2\varepsilon\mu}+j\omega\sqrt{\varepsilon\mu})}{\sqrt{k_n'^2-\omega^2\varepsilon\mu}}\exp\{-\sqrt{k_n'^2-\omega^2\varepsilon\mu}\,\xi\}$$

$$-\frac{(\sqrt{k_n'^2-\omega^2\varepsilon\mu}-j\omega\sqrt{\varepsilon\mu})}{\sqrt{k_n'^2-\omega^2\varepsilon\mu}}\exp\{-\sqrt{k_n'^2-\omega^2\varepsilon\mu}\,(L-\xi)-j\omega\sqrt{\varepsilon\mu}\,L\}\Big]$$

$$-\sum_{n=1}^{\infty}[\iint \mathfrak{e}_1''' \cdot \mathfrak{e}_n'' \, x\, dx\, dy]^2 \Big[2\exp\{-j\omega\sqrt{\varepsilon\mu}\,\xi\}$$

$$-\frac{(\sqrt{k_n''^2-\omega^2\varepsilon\mu}+j\omega\sqrt{\varepsilon\mu})}{\sqrt{k_n''^2-\omega^2\varepsilon\mu}}\exp\{-\sqrt{k_n''^2-\omega^2\varepsilon\mu}\,\xi\}$$

$$-\frac{(\sqrt{k_n''^2-\omega^2\varepsilon\mu}-j\omega\sqrt{\varepsilon\mu})}{\sqrt{k_n''^2-\omega^2\varepsilon\mu}}\exp\{-\sqrt{k_n''^2-\omega^2\varepsilon\mu}\,(L-\xi)-j\omega\sqrt{\varepsilon\mu}\,L\}\Big]\Big)\exp\{-j\omega\sqrt{\varepsilon\mu}\,\xi\}\,d\xi.$$

Die Reihen konvergieren gleichmäßig in ξ, es kann die Reihenfolge von Summation und Integration vertauscht werden. Nach gliedweiser Integration erhält man

$$S_{11}(2)=j\frac{\omega\sqrt{\varepsilon\mu}}{4R^2}\Big(-\sum_{n=1}^{\infty}[\iint \mathfrak{e}_1''' \cdot \mathfrak{e}_n' \, x\, dx\, dy]^2\Big[j\frac{1}{\omega\sqrt{\varepsilon\mu}}(1-\exp\{-j2\omega\sqrt{\varepsilon\mu}\,L\}) \tag{4.30}$$

$$+\frac{1}{\sqrt{k_n'^2-\omega^2\varepsilon\mu}}(1-\exp\{-\sqrt{k_n'^2-\omega^2\varepsilon\mu}\,L-j\omega\sqrt{\varepsilon\mu}\,L\})$$

$$+\frac{1}{\sqrt{k_n'^2-\omega^2\varepsilon\mu}}(\exp\{-j2\omega\sqrt{\varepsilon\mu}\,L\}-\exp\{-\sqrt{k_n'^2-\omega^2\varepsilon\mu}\,L-j\omega\sqrt{\varepsilon\mu}\,L\})\Big]$$

$$+\sum_{n=1}^{\infty}[\iint \mathfrak{e}_1''' \cdot \mathfrak{e}_n'' \, x\, dx\, dy]^2\Big[j\frac{1}{\omega\sqrt{\varepsilon\mu}}(1-\exp\{-j2\omega\sqrt{\varepsilon\mu}\,L\})$$

$$+\frac{1}{\sqrt{k_n''^2-\omega^2\varepsilon\mu}}(1-\exp\{-\sqrt{k_n''^2-\omega^2\varepsilon\mu}\,L-j\omega\sqrt{\varepsilon\mu}\,L\})$$

$$+\frac{1}{\sqrt{k_n''^2-\omega^2\varepsilon\mu}}(\exp\{-j2\omega\sqrt{\varepsilon\mu}\,L\}-\exp\{-\sqrt{k_n''^2-\omega^2\varepsilon\mu}\,L-j\omega\sqrt{\varepsilon\mu}\,L\})\Big]\Big).$$

Für den Koeffizienten S_{21} erhält man aus (4.16a)

$$S_{21}(2)=\exp\{-j\omega\sqrt{\varepsilon\mu}\,L\} \tag{4.31}$$

$$+\frac{1}{2R}\exp\{-j\omega\sqrt{\varepsilon\mu}\,L\}\int_0^L j\omega\Big(\sum_{n=1}^{\infty}[\iint \mathfrak{e}_1''' \cdot \mathfrak{e}_n' \, x\, dx\, dy]\,(\mu I_n'(\xi;1)+\sqrt{\varepsilon\mu}\,V_n'(\xi;1))$$

$$+\sum_{n=1}^{\infty}[\iint \mathfrak{e}_1''' \cdot \mathfrak{e}_n'' \, x\, dx\, dy]\,(\mu I_n''(\xi;1)+\sqrt{\varepsilon\mu}\,V_n''(\xi;1))\Big)\exp\{j\omega\sqrt{\varepsilon\mu}\,\xi\}\,d\xi$$

$$=\exp\{-j\omega\sqrt{\varepsilon\mu}\,L\}+j\frac{\omega\sqrt{\varepsilon\mu}}{4R^2}\exp\{-j\omega\sqrt{\varepsilon\mu}\,L\}\int_0^L\Big(\sum_{n=1}^{\infty}[\iint \mathfrak{e}_1''' \cdot \mathfrak{e}_n' \, x\, dx\, dy]^2\times$$

$$\times\Big[\frac{-8\omega^2\varepsilon\mu+2k_n'^2}{k_n'^2}\exp\{-j\omega\sqrt{\varepsilon\mu}\,\xi\}-\frac{(\sqrt{k_n'^2-\omega^2\varepsilon\mu}+j\omega\sqrt{\varepsilon\mu})^3}{k_n'^2\sqrt{k_n'^2-\omega^2\varepsilon\mu}}\exp\{-\sqrt{k_n'^2-\omega^2\varepsilon\mu}\,\xi\}$$

$$-\frac{(\sqrt{k_n'^2-\omega^2\varepsilon\mu}-j\omega\sqrt{\varepsilon\mu})^3}{k_n'^2\sqrt{k_n'^2-\omega^2\varepsilon\mu}}\exp\{-\sqrt{k_n'^2-\omega^2\varepsilon\mu}\,(L-\xi)-j\omega\sqrt{\varepsilon\mu}\,L\}\Big]$$

$$+\sum_{n=1}^{\infty}[\iint \mathfrak{e}_1''' \cdot \mathfrak{e}_n'' \, x\, dx\, dy]^2\Big[\frac{-8\omega^2\varepsilon\mu+2k_n''^2}{k_n''^2}\exp\{-j\omega\sqrt{\varepsilon\mu}\,\xi\}$$

$$-\frac{(\sqrt{k_n''^2-\omega^2\varepsilon\mu}+j\omega\sqrt{\varepsilon\mu})^3}{k_n''^2\sqrt{k_n''^2-\omega^2\varepsilon\mu}}\exp\{-\sqrt{k_n''^2-\omega^2\varepsilon\mu}\,\xi\}$$

$$-\frac{(\sqrt{k_n''^2-\omega^2\varepsilon\mu}-j\omega\sqrt{\varepsilon\mu})^3}{k_n''^2\sqrt{k_n''^2-\omega^2\varepsilon\mu}}\exp\{-\sqrt{k_n''^2-\omega^2\varepsilon\mu}\,(L-\xi)-j\omega\sqrt{\varepsilon\mu}\,L\}\Big]\Big)\exp\{j\omega\sqrt{\varepsilon\mu}\,\xi\}\,d\xi.$$

Nach gliedweiser Integration erhält man

$$S_{21}(2) = \exp\{-j\omega\sqrt{\varepsilon\mu}\,L\} \tag{4.32}$$

$$+ j\frac{\omega\sqrt{\varepsilon\mu}}{4R^2}\exp\{-j\omega\sqrt{\varepsilon\mu}\,L\}\Bigg(\sum_{n=1}^{\infty}[\textstyle\iint e_1''' \cdot e_n' \, x\, dx\, dy]^2 \Bigg[\frac{-8\omega^2\varepsilon\mu + 2k_n'^2}{k_n'^2}L$$

$$-\frac{(\sqrt{k_n'^2 - \omega^2\varepsilon\mu} + j\omega\sqrt{\varepsilon\mu})^4}{k_n'^4\sqrt{k_n'^2 - \omega^2\varepsilon\mu}}(1 - \exp\{-\sqrt{k_n'^2 - \omega^2\varepsilon\mu}\,L + j\omega\sqrt{\varepsilon\mu}\,L\})$$

$$-\frac{(\sqrt{k_n'^2 - \omega^2\varepsilon\mu} - j\omega\sqrt{\varepsilon\mu})^4}{k_n'^4\sqrt{k_n'^2 - \omega^2\varepsilon\mu}}(1 - \exp\{-\sqrt{k_n'^2 - \omega^2\varepsilon\mu}\,L - j\omega\sqrt{\varepsilon\mu}\,L\})\Bigg]$$

$$+\sum_{n=1}^{\infty}[\textstyle\iint e_1''' \cdot e_n'' \, x\, dx\, dy]^2 \Bigg[\frac{-8\omega^2\varepsilon\mu + 2k_n''^2}{k_n''^2}L$$

$$-\frac{(\sqrt{k_n''^2 - \omega^2\varepsilon\mu} + j\omega\sqrt{\varepsilon\mu})^4}{k_n''^4\sqrt{k_n''^2 - \omega^2\varepsilon\mu}}(1 - \exp\{-\sqrt{k_n''^2 - \omega^2\varepsilon\mu}\,L + j\omega\sqrt{\varepsilon\mu}\,L\})$$

$$-\frac{(\sqrt{k_n''^2 - \omega^2\varepsilon\mu} - j\omega\sqrt{\varepsilon\mu})^4}{k_n''^4\sqrt{k_n''^2 - \omega^2\varepsilon\mu}}(1 - \exp\{-\sqrt{k_n''^2 - \omega^2\varepsilon\mu}\,L - j\omega\sqrt{\varepsilon\mu}\,L\})\Bigg]\Bigg).$$

Zur Berechnung der Koeffizienten S_{12} und S_{22} ist die Lösung des Integralgleichungssystems für den Fall $a_1 = 0$, $a_2 = 1$ erforderlich. Es gilt dann nach (4.15), (4.15a)

$$S_{12} = \exp\{-j\omega\sqrt{\varepsilon\mu}\,L\} - \frac{1}{2R}\int_0^L \left(f_1'''(I_1'(\xi),\ldots) - \sqrt{\frac{\mu}{\varepsilon}}\,g_1'''(V_1'(\xi),\ldots)\right)\exp\{-j\omega\sqrt{\varepsilon\mu}\,\xi\}\,d\xi \tag{4.33}$$

$$S_{22} = \frac{1}{2R}\exp\{-j\omega\sqrt{\varepsilon\mu}\,L\}\int_0^L \left(f_1'''(I_1'(\xi),\ldots) + \sqrt{\frac{\mu}{\varepsilon}}\,g_1'''(V_1'(\xi),\ldots)\right)\exp\{j\omega\sqrt{\varepsilon\mu}\,\xi\}\,d\xi. \tag{4.33a}$$

Die 0-te Näherung des Integralgleichungssystems (4.6), (4.10), (4.14) ist

$$\begin{matrix} V_\nu'(z;0) = 0 \\ I_\nu'(z;0) = 0 \end{matrix}\ (\nu = 1, 2, \ldots);\quad \begin{matrix} V_\tau''(z;0) = 0 \\ I_\tau''(z;0) = 0 \end{matrix}\ (\tau = 1, 2, \ldots);\quad \begin{matrix} V_1'''(z;0) = \exp\{-j\omega\sqrt{\varepsilon\mu}\,(L-z)\} \\ I_1'''(z;0) = -\sqrt{\frac{\varepsilon}{\mu}}\exp\{-j\omega\sqrt{\varepsilon\mu}\,(L-z)\}. \end{matrix}$$

Berechnet man die 1-te Näherung der Fourierkoeffizienten, so erhält man durch Einsetzen derselben in (4.33) und (4.33a) die 2-ten Näherungen der Koeffizienten S_{12} und S_{22}. Es kommt dabei heraus

$$S_{12}(2) = S_{21}(2) \tag{4.34a}$$

$$S_{11}(2) = S_{22}(2). \tag{4.34b}$$

Die Gleichung (4.34a) war wegen der Symmetrie der Reflexionsmatrix $\mathfrak{S}$ zu erwarten; auf Grund des Energiesatzes und des Reziprozitätstheorems (siehe [6]) gilt

$$|S_{11}|^2 + |S_{21}|^2 = |S_{12}|^2 + |S_{22}|^2 = 1, \quad \text{also} \quad |S_{11}| = |S_{22}|.$$

Die Zahl $|S_{11}|$ wird schlechthin als Reflexionsfaktor bezeichnet.

Es soll jetzt noch der Fall betrachtet werden, daß der Querschnitt G eine der beiden Symmetriebedingungen erfüllt (S 1): Mit (x, y) ist auch $(-x, y)$ Randpunkt von G (Abb. 4), (S 2): Mit (x, y) ist auch $(-x, -y)$ Randpunkt von G (Abb. 5).

Bei dem für die Praxis bedeutenden Beispiel des koaxialen Kabels sind beide Bedingungen (S 1) und (S 2) erfüllt. Mit $\varphi(x, y)$ ist im Fall (S 1) bzw. (S 2) auch die Funktion $\varphi(-x, y)$

bzw. $\varphi(-x, -y)$ Lösung des entsprechenden Differentialgleichungsproblems (2.5). Daher sind im Fall (S 1) die Funktionen $\frac{1}{2}(\varphi(x,y) + \varphi(-x,y))$ und $\frac{1}{2}(\varphi(x,y) - \varphi(-x,y))$ ebenfalls Lösungen; entsprechendes gilt im Fall (S 2) für die Funktionen $\frac{1}{2}(\varphi(x,y) + \varphi(-x,-y))$ und $\frac{1}{2}(\varphi(x,y) - \varphi(-x,-y))$. Es kann demnach ohne Beschränkung der Allgemeinheit angenommen werden, daß jede der Funktionen Φ_ν, Ψ_τ, X_1 (mit denen nach (2.9) bis (2.11) die Vektorfelder $\mathfrak{e}'_\nu, \ldots, \mathfrak{h}'''_1$ konstruiert wurden) entweder symmetrisch oder antisymmetrisch

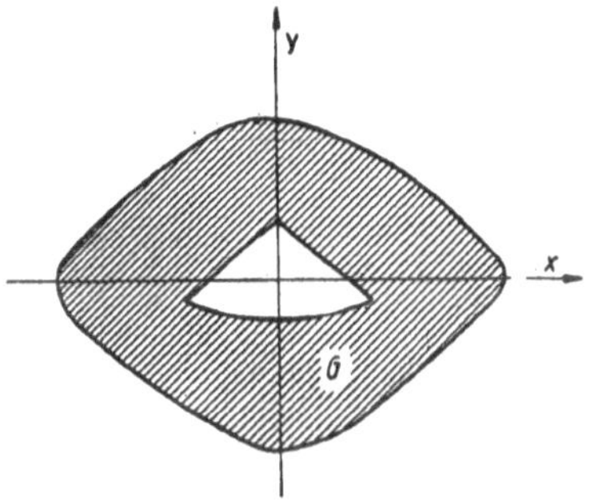

Abb. 4

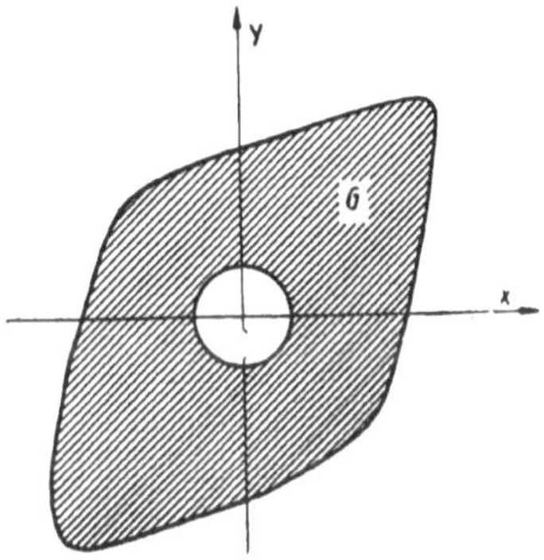

Abb. 5

(bezüglich der durch (S 1) bzw. (S 2) gegebenen Symmetrieeigenschaft) ist. Es kann dann gezeigt werden, daß die Fourierkoeffizienten in jeder Näherung k teils gerade, teils ungerade Polynome von $\frac{1}{R}$ vom Höchstgrade k sind. Durch Einsetzen derselben in die Gleichungen (4.16), (4.16a), (4.33), (4.33a) erhält man die $(k+1)$-te Näherung der Koeffizienten S_{mn}; hierbei zeigt es sich, daß die geraden Polynome stets verschwindende Faktoren haben, daß also die Ausdrücke unter den Integralzeichen stets ungerade Polynome sind. Daher sind die Koeffizienten $S_{mn}(k+1)$ stets gerade Polynome von $\frac{1}{R}$ vom Höchstgrade $k+1$. Die 2-ten Näherungen der Reflexionskoeffizienten (4.30) und (4.32) erweisen sich als identisch mit den 3-ten Näherungen, erst die 4-ten Näherungen der Koeffizienten S_{mn} unterscheiden sich von $S_{mn}(2)$ durch ein Glied mit dem Faktor $\frac{1}{R^4}$.

§ 5. Berechnung der Reflexionskoeffizienten für den Fall $\nu_0 = 1$, $\tau_0 = 2$, $N = 1$

Das Querschnittsprofil G des Hohlleiters ist in diesem Fall ein einfach zusammenhängendes Gebiet. In der Praxis werden Hohlleiter mit rechteckförmigem und mit kreisförmigem Querschnitt verwendet.

Die Kreisfrequenz ω des elektromagnetischen Feldes soll der Bedingung genügen:

$$\omega^2 \varepsilon\mu < k'^2_\nu \quad \text{für} \quad \nu = 1, 2, \ldots \tag{5.1}$$
$$k''^2_1 < \omega^2 \varepsilon\mu < k''^2_\tau \quad \text{für} \quad \tau = 2, 3, \ldots$$

Es existiert dann im zylindrischen Hohlleiter genau ein Wellentyp, der sich periodisch fortpflanzt. Der Einfachheit halber soll noch vorausgesetzt werden, daß das Gebiet G einer der beiden Symmetriebedingungen (S 1) oder (S 2) von § 4 (S. 26) genügt. Dann gilt

$$\iint \mathfrak{e}''^2_1 \, x \, dx \, dy = \iint \mathfrak{h}''^2_1 \, x \, dx \, dy = \iint \Psi^2_1 \, x \, dx \, dy = 0. \tag{5.2}$$

Es sei nach (3.3) gesetzt

$$a_1 = \frac{1}{2}\left[V_1''(0) + \frac{\omega\mu}{\sqrt{\omega^2\varepsilon\mu - k_1''^2}} I_1''(0)\right], \quad b_1 = \left[V_1''(0) - \frac{\omega\mu}{\sqrt{\omega^2\varepsilon\mu - k_1''^2}} I_1''(0)\right] \tag{5.3}$$

$$a_2 = \frac{1}{2}\left[V_1''(L) - \frac{\omega\mu}{\sqrt{\omega^2\varepsilon\mu - k_1''^2}} I_1''(L)\right], \quad b_2 = \frac{1}{2}\left[V_1''(L) + \frac{\omega\mu}{\sqrt{\omega^2\varepsilon\mu - k_1''^2}} I_1''(L)\right].$$

Die Aufgabe besteht dann darin, die Koeffizienten S_{mn} in der Transformation

$$\begin{pmatrix} b_1 \\ b_2 \end{pmatrix} = \begin{pmatrix} S_{11} & S_{12} \\ S_{21} & S_{22} \end{pmatrix} \begin{pmatrix} a_1 \\ a_2 \end{pmatrix} \tag{5.4}$$

zu berechnen. Insbesondere interessiert die Zahl $|S_{11}| = |S_{22}|$, der Reflexionsfaktor des gekrümmten Hohlleiterstückes. Das Verfahren wird analog wie in § 4 durchgeführt.

Im Krümmungsstück $0 \leq z \leq L$ genügen die Fourierkoeffizienten $V_\nu'(z), \ldots, I_\tau''(z)$ dem folgenden Integralgleichungssystem:

$$\frac{1}{2}\left[V_\nu'(z) - j\frac{\sqrt{k_\nu'^2 - \omega^2\varepsilon\mu}}{\omega\varepsilon} I_\nu'(z)\right] = \frac{1}{2R}\exp\{-\sqrt{k_\nu'^2 - \omega^2\varepsilon\mu}\, z\} \times \tag{5.5}$$

$$\times \int_0^z \left(f_\nu'(I_1'(\xi), \ldots) - j\frac{\sqrt{k_\nu'^2 - \omega^2\varepsilon\mu}}{\omega\varepsilon} g_\nu'(V_1'(\xi), \ldots)\right) \exp\{\sqrt{k_\nu'^2 - \omega^2\varepsilon\mu}\, \xi\}\, d\xi$$

$$\frac{1}{2}\left[V_\nu'(z) + j\frac{\sqrt{k_\nu'^2 - \omega^2\varepsilon\mu}}{\omega\varepsilon} I_\nu'(z)\right] = -\frac{1}{2R}\exp\{\sqrt{k_\nu'^2 - \omega^2\varepsilon\mu}\, z\} \times \tag{5.5 a}$$

$$\times \int_z^L \left(f_\nu'(I_1'(\xi), \ldots) + j\frac{\sqrt{k_\nu'^2 - \omega^2\varepsilon\mu}}{\omega\varepsilon} g_\nu'(V_1'(\xi), \ldots)\right) \exp\{-\sqrt{k_\nu'^2 - \omega^2\varepsilon\mu}\, \xi\}\, d\xi$$

$(\nu = 1, 2, \ldots)$;

$$\frac{1}{2}\left[V_1''(z) + \frac{\omega\mu}{\sqrt{\omega^2\varepsilon\mu - k_1''^2}} I_1''(z)\right] = a_1 \exp\{-j\sqrt{\omega^2\varepsilon\mu - k_1''^2}\, z\} \tag{5.6}$$

$$+ \frac{1}{2R}\exp\{-j\sqrt{\omega^2\varepsilon\mu - k_1''^2}\, z\} \times$$

$$\times \int_0^z \left(f_1''(I_1'(\xi), \ldots) + \frac{\omega\mu}{\sqrt{\omega^2\varepsilon\mu - k_1''^2}} g_1''(V_1'(\xi), \ldots)\right) \exp\{j\sqrt{\omega^2\varepsilon\mu - k_1''^2}\, \xi\}\, d\xi$$

$$\frac{1}{2}\left[V_1''(z) - \frac{\omega\mu}{\sqrt{\omega^2\varepsilon\mu - k_1''^2}} I_1''(z)\right] = a_2 \exp\{-j\sqrt{\omega^2\varepsilon\mu - k_1''^2}\, (L - z)\} \tag{5.6 a}$$

$$- \frac{1}{2R}\exp\{j\sqrt{\omega^2\varepsilon\mu - k_1''^2}\, z\} \times$$

$$\times \int_z^L \left(f_1''(I_1'(\xi), \ldots) - \frac{\omega\mu}{\sqrt{\omega^2\varepsilon\mu - k_1''^2}} g_1''(V_1'(\xi), \ldots)\right) \exp\{-j\sqrt{\omega^2\varepsilon\mu - k_1''^2}\, \xi\}\, d\xi$$

$$\frac{1}{2}\left[V_\tau''(z) + j\frac{\omega\mu}{\sqrt{k_\tau''^2 - \omega^2\varepsilon\mu}} I_\tau''(z)\right] = \frac{1}{2R}\exp\{-\sqrt{k_\tau''^2 - \omega^2\varepsilon\mu}\, z\} \times \tag{5.7}$$

$$\times \int_0^z \left(f_\tau''(I_1'(\xi), \ldots) + j\frac{\omega\mu}{\sqrt{k_\tau''^2 - \omega^2\varepsilon\mu}} g_\tau''(V_1'(\xi), \ldots)\right) \exp\{\sqrt{k_\tau''^2 - \omega^2\varepsilon\mu}\, \xi\}\, d\xi$$

$$\frac{1}{2}\left[V_\tau''(z) - j\frac{\omega\mu}{\sqrt{k_\tau''^2 - \omega^2\varepsilon\mu}} I_\tau''(z)\right] = -\frac{1}{2R}\exp\{\sqrt{k_\tau''^2 - \omega^2\varepsilon\mu}\, z\} \times \tag{5.7 a}$$

$$\times \int_z^L \left(f_\tau''(I_1'(\xi), \ldots) - j\frac{\omega\mu}{\sqrt{k_\tau''^2 - \omega^2\varepsilon\mu}} g_\tau''(V_1'(\xi), \ldots)\right) \exp\{-\sqrt{k_\tau''^2 - \omega^2\varepsilon\mu}\, \xi\}\, d\xi$$

$(\tau = 2, 3, \ldots)$.

Zur Berechnung von S_{11} und S_{21} benötigt man die Lösung des Integralgleichungssystems für den Fall $a_1 = 1$, $a_2 = 0$. Dann gilt

$$S_{11} = -\frac{1}{2R}\int_0^L \left(f_1''(I_1'(\xi),\ldots) - \frac{\omega\mu}{\sqrt{\omega^2\varepsilon\mu - k_1''^2}}\, g_1''(V_1'(\xi),\ldots)\right)\exp\{-j\sqrt{\omega^2\varepsilon\mu - k_1''^2}\,\xi\}\,d\xi \tag{5.8}$$

$$S_{21} = \exp\{-j\sqrt{\omega^2\varepsilon\mu - k_1''^2}\,L\} + \frac{1}{2R}\exp\{-j\sqrt{\omega^2\varepsilon\mu - k_1''^2}\,L\}\times \tag{5.9}$$

$$\times\int_0^L \left(f_1''(I_1'(\xi),\ldots) + \frac{\omega\mu}{\sqrt{\omega^2\varepsilon\mu - k_1''^2}}\, g_1''(V_1'(\xi),\ldots)\right)\exp\{j\sqrt{\omega^2\varepsilon\mu - \xi_1''^2}\,\xi\}\,d\xi\,.$$

Die 0-te Näherungslösung des Integralgleichungssystems (5.5) — (5.7) für den Fall $a_1 = 1$, $a_2 = 0$ ist

$$\begin{matrix} V_\nu'(z;0) = 0 \\ I_\nu'(z;0) = 0 \end{matrix}\,(\nu = 1, 2, \ldots);\quad \begin{matrix} V_1''(z;0) = \exp\{-j\sqrt{\omega^2\varepsilon\mu - k_1''^2}\,z\} \\ I_1''(z;0) = \dfrac{\sqrt{\omega^2\varepsilon\mu - k_1''^2}}{\omega\mu}\exp\{-j\sqrt{\omega^2\varepsilon\mu - k_1''^2}\,z\} \end{matrix};\quad \begin{matrix} V_\tau''(z;0) = 0 \\ I_\tau''(z;0) = 0 \end{matrix}\,(\tau = 2, 3, \ldots)\,. \tag{5.10}$$

Für die 1-te Näherung der Koeffizienten V_ν', I_ν' erhält man aus (5.5)

$$\frac{1}{2}\left[V_\nu'(z;1) - j\frac{\sqrt{k_\nu'^2 - \omega^2\varepsilon\mu}}{\omega\varepsilon}\, I_\nu'(z;1)\right] = \frac{(\sqrt{k_\nu'^2 - \omega^2\varepsilon\mu} + j\sqrt{\omega^2\varepsilon\mu - k_1''^2})^2}{2R\,(k_\nu'^2 - k_1''^2)}\times \tag{5.11}$$

$$\times[\textstyle\iint \mathfrak{e}_\nu'\cdot\mathfrak{e}_1''\,x\,dx\,dy]\,(\exp\{-j\sqrt{\omega^2\varepsilon\mu - k_1''^2}\,z\} - \exp\{-\sqrt{k_\nu'^2 - \omega^2\varepsilon\mu}\,z\})$$

$$\frac{1}{2}\left[V_\nu'(z;1) + j\frac{\sqrt{k_\nu'^2 - \omega^2\varepsilon\mu}}{\omega\varepsilon}\, I_\nu'(z;1)\right] = \frac{(\sqrt{k_\nu'^2 - \omega^2\varepsilon\mu} - j\sqrt{\omega^2\varepsilon\mu - k_1''^2})^2}{2R\,(k_\nu'^2 - k_1''^2)}\times \tag{5.11 a}$$

$$\times[\textstyle\iint \mathfrak{e}_\nu'\cdot\mathfrak{e}_1''\,x\,dx\,dy]\,(\exp\{-j\sqrt{\omega^2\varepsilon\mu - k_1''^2}\,z\} - \exp\{-j\sqrt{\omega^2\varepsilon\mu - k_1''^2}\,L - \sqrt{k_\nu'^2 - \omega^2\varepsilon\mu}\,(L-z)\})$$

hieraus folgt

$$V_\nu'(z;1) = \frac{[\iint \mathfrak{e}_\nu'\cdot\mathfrak{e}_1''\,x\,dx\,dy]}{2R\,(k_\nu'^2 - k_1''^2)}\Big(2\,(k_\nu'^2 + k_1''^2 - 2\,\omega^2\varepsilon\mu)\exp\{-j\sqrt{\omega^2\varepsilon\mu - k_1''^2}\,z\} \tag{5.12}$$

$$-(\sqrt{k_\nu'^2 - \omega^2\varepsilon\mu} + j\sqrt{\omega^2\varepsilon\mu - k_1''^2})^2\exp\{-\sqrt{k_\nu'^2 - \omega^2\varepsilon\mu}\,z\}$$

$$-(\sqrt{k_\nu'^2 - \omega^2\varepsilon\mu} - j\sqrt{\omega^2\varepsilon\mu - k_1''^2})^2\exp\{-j\sqrt{\omega^2\varepsilon\mu - k_1''^2}\,L - \sqrt{k_\nu'^2 - \omega^2\varepsilon\mu}\,(L-z)\}\Big)$$

$$I_\nu'(z;1) = j\,\omega\varepsilon\,\frac{[\iint \mathfrak{e}_\nu'\cdot\mathfrak{e}_1''\,x\,dx\,dy]}{2R\,(k_\nu'^2 - k_1''^2)}\Big(j\,4\sqrt{\omega^2\varepsilon\mu - k_1''^2}\exp\{-j\sqrt{\omega^2\varepsilon\mu - k_1''^2}\,z\} \tag{5.13}$$

$$-\frac{(\sqrt{k_\nu'^2 - \omega^2\varepsilon\mu} + j\sqrt{\omega^2\varepsilon\mu - k_1''^2})^2}{\sqrt{k_\nu'^2 - \omega^2\varepsilon\mu}}\exp\{-\sqrt{k_\nu'^2 - \omega^2\varepsilon\mu}\,z\}$$

$$+\frac{(\sqrt{k_\nu'^2 + \omega^2\varepsilon\mu} - j\sqrt{\omega^2\varepsilon\mu - k_1''^2})^2}{\sqrt{k_\nu'^2 - \omega^2\varepsilon\mu}}\exp\{-j\sqrt{\omega^2\varepsilon\mu - k_1''^2}\,L - \sqrt{k_\nu'^2 - \omega^2\varepsilon\mu}\,(L-z)\}\Big)\,.$$

Man erhält ferner wegen (5.2) aus (5.6)

$$V_1''(z;1) = \exp\{-j\sqrt{\omega^2\varepsilon\mu - k_1''^2}\,z\} \tag{5.14}$$

$$I_1''(z;1) = \frac{\sqrt{\omega^2\varepsilon\mu - k_1''^2}}{\omega\mu}\exp\{-j\sqrt{\omega^2\varepsilon\mu - k_1''^2}\,z\}\,. \tag{5.15}$$

Für $V''_\tau(z;1)$ und $I''_\tau(z;1)$ erhält man aus (5.7)

$$V''_\tau(z;1) = \frac{[\iint \mathfrak{e}''_\tau \cdot \mathfrak{e}''_1\, x\,dx\,dy]}{2R(k''^2_\tau - k''^2_1)\sqrt{k''^2_\tau - \omega^2\varepsilon\mu}}\Big(2(-2\omega^2\varepsilon\mu + k''^2_1)\sqrt{k''^2_\tau - \omega^2\varepsilon\mu}\exp\{-j\sqrt{\omega^2\varepsilon\mu - k''^2_1}\,z\} \tag{5.16}$$

$$-[(-2\omega^2\varepsilon\mu + k''^2_1)\sqrt{k''^2_\tau - \omega^2\varepsilon\mu} - j(-2\omega^2\varepsilon\mu + k''^2_\tau)\sqrt{\omega^2\varepsilon\mu - k''^2_1}]\times$$

$$\times\exp\{-j\sqrt{\omega^2\varepsilon\mu - k''^2_1}\,L - \sqrt{k''^2_\tau - \omega^2\varepsilon\mu}\,(L-z)\}$$

$$-[(-2\omega^2\varepsilon\mu + k''^2_1)\sqrt{k''^2_\tau - \omega^2\varepsilon\mu} + j(-2\omega^2\varepsilon\mu + k''^2_\tau)\sqrt{\omega^2\varepsilon\mu - k''^2_1}]\times$$

$$\times\exp\{-\sqrt{k''^2_\tau - \omega^2\varepsilon\mu}\,z\}\Big)$$

$$+\frac{k''^2_1 k''^2_\tau[\iint \Psi_\tau \Psi_1\, x\,dx\,dy]}{2R(k''^2_\tau - k''^2_1)\sqrt{k''^2_\tau - \omega^2\varepsilon\mu}}\Big(2\sqrt{k''^2_\tau - \omega^2\varepsilon\mu}\exp\{-j\sqrt{\omega^2\varepsilon\mu - k''^2_1}\,z\}$$

$$-(\sqrt{k''^2_\tau - \omega^2\varepsilon\mu} + j\sqrt{\omega^2\varepsilon\mu - k''^2_1})\exp\{-\sqrt{k''^2_\tau - \omega^2\varepsilon\mu}\,z\}$$

$$-(\sqrt{k''^2_\tau - \omega^2\varepsilon\mu} - j\sqrt{\omega^2\varepsilon\mu - k''^2_1})\exp\{-j\sqrt{\omega^2\varepsilon\mu - k''^2_1}\,L - \sqrt{k''^2_\tau - \omega^2\varepsilon\mu}\,(L-z)\}\Big)$$

$$I''_\tau(z;1) = \frac{[\iint \mathfrak{e}''_\tau \cdot \mathfrak{e}''_1\, x\,dx\,dy]}{2R\omega\mu(k''^2_\tau - k''^2_1)}\Big(2(-2\omega^2\varepsilon\mu + k''^2_\tau)\sqrt{\omega^2\varepsilon\mu - k''^2_1}\exp\{-j\sqrt{\omega^2\varepsilon\mu - k''^2_1}\,z\} \tag{5.17}$$

$$-j[(-2\omega^2\varepsilon\mu + k''^2_1)\sqrt{k''^2_\tau - \omega^2\varepsilon\mu} - j(-2\omega^2\varepsilon\mu + k''^2_\tau)\sqrt{\omega^2\varepsilon\mu - k''^2_1}]\times$$

$$\times\exp\{-j\sqrt{\omega^2\varepsilon\mu - k''^2_1}\,L - \sqrt{k''^2_\tau - \omega^2\varepsilon\mu}\,(L-z)\}$$

$$+j[(-2\omega^2\varepsilon\mu + k''^2_1)\sqrt{k''^2_\tau - \omega^2\varepsilon\mu} + j(-2\omega^2\varepsilon\mu + k''^2_\tau)\sqrt{\omega^2\varepsilon\mu - k''^2_1}]\times$$

$$\times\exp\{-\sqrt{k''^2_\tau - \omega^2\varepsilon\mu}\,z\}\Big)$$

$$+\frac{k''^2_1 k''^2_\tau[\iint \Psi_\tau \Psi_1\, x\,dx\,dy]}{2R\omega\mu(k''^2_\tau - k''^2_1)}\Big(2\sqrt{\omega^2\varepsilon\mu - k''^2_1}\exp\{-j\sqrt{\omega^2\varepsilon\mu - k''^2_1}\,z\}$$

$$+j(\sqrt{k''^2_\tau - \omega^2\varepsilon\mu} + j\sqrt{\omega^2\varepsilon\mu - k''^2_1})\exp\{-\sqrt{k''^2_\tau - \omega^2\varepsilon\mu}\,z\}$$

$$-j(\sqrt{k''^2_\tau - \omega^2\varepsilon\mu} - j\sqrt{\omega^2\varepsilon\mu - k''^2_1})\exp\{-j\sqrt{\omega^2\varepsilon\mu - k''^2_1}\,L - \sqrt{k''^2_\tau - \omega^2\varepsilon\mu}\,(L-z)\}\Big).$$

für $\tau = 2, 3, \ldots.$

Man erhält die 2-te Näherung der Koeffizienten S_{11} bzw. S_{21}, indem man in (5.8) bzw. (5.9) für die Fourierkoeffizienten die 1-ten Näherungen einsetzt. Es ergibt sich

$$S_{11}(2) = -\frac{1}{2R}\int_0^L\Big(j\omega\sum_{n=1}^{\infty}\Big[\iint \mathfrak{e}'_n \cdot \mathfrak{e}''_1\, x\,dx\,dy\Big]\Big(\mu I'_n(\xi;1) - \frac{\varepsilon\mu\omega}{\sqrt{\omega^2\varepsilon\mu - k''^2_1}}V'_n(\xi;1)\Big) \tag{5.18}$$

$$+j\omega\sum_{n=1}^{\infty}\Big[\iint \mathfrak{e}''_n \cdot \mathfrak{e}''_1\, x\,dx\,dy\Big]\Big(\mu I''_n(\xi;1) - \frac{\varepsilon\mu\omega}{\sqrt{\omega^2\varepsilon\mu - k''^2_1}}V''_n(\xi;1)\Big)$$

$$+j\frac{k''^2_1}{\sqrt{\omega^2\varepsilon\mu - k''^2_1}}\sum_{n=1}^{\infty}\Big[\iint \Psi_n\Psi_1\, x\,dx\,dy\Big]k''^2_n V''_n(\xi;1)\Big)\exp\{-j\sqrt{\omega^2\varepsilon\mu - k''^2_1}\,\xi\}\,d\xi.$$

Man erhält schließlich

$$S_{11}(2) = -j\frac{1}{4R^2\sqrt{\omega^2\varepsilon\mu - k_1''^2}}\Bigg\{\omega^2\varepsilon\mu\sum_{n=1}^{\infty}\left[\iint \mathfrak{e}_n'\cdot\mathfrak{e}_1''\,x\,dx\,dy\right]^2\times \tag{5.19}$$

$$\times\Bigg(-j\frac{1}{\sqrt{\omega^2\varepsilon\mu - k_1''^2}}\left(\exp\{-j2\sqrt{\omega^2\varepsilon\mu - k_1''^2}\,L\}-1\right)$$

$$+\frac{1}{\sqrt{k_n'^2-\omega^2\varepsilon\mu}}\left(1-\exp\{-j\sqrt{\omega^2\varepsilon\mu-k_1''^2}\,L-\sqrt{k_n'^2-\omega^2\varepsilon\mu}\,L\}\right)$$

$$+\frac{1}{\sqrt{k_n'^2-\omega^2\varepsilon\mu}}\left(\exp\{-j2\sqrt{\omega^2\varepsilon\mu-k_1''^2}\,L\}-\exp\{-j\sqrt{\omega^2\varepsilon\mu-k_1''^2}\,L-\sqrt{k_n'^2-\omega^2\varepsilon\mu}\,L\}\right)\Bigg)$$

$$+\sum_{n=2}^{\infty}\Bigg(\left[\iint \mathfrak{e}_n''\cdot\mathfrak{e}_1''\,x\,dx\,dy\right]^2\frac{\omega^2\varepsilon\mu\,(k_n''^2-k_1''^2)-k_1''^2k_n''^2}{k_n''^2-k_1''^2}$$

$$-\left[\iint \mathfrak{e}_n''\cdot\mathfrak{e}_1''\,x\,dx\,dy\right]\left[\iint \Psi_n\Psi_1\,x\,dx\,dy\right]\frac{2\,\omega^2\varepsilon\mu\,k_1''^2k_n''^2}{k_n''^4-k_1''^2}$$

$$+\left[\iint \Psi_n\Psi_1\,x\,dx\,dy\right]^2\frac{k_1''^4k_n''^4}{k_n''^2-k_1''^2}\Bigg)\Bigg(j\frac{1}{\sqrt{\omega^2\varepsilon\mu-k_1''^2}}\left(\exp\{-j2\sqrt{\omega^2\varepsilon\mu-k_1''}\,L\}-1\right)$$

$$-\frac{1}{\sqrt{k_n''^2-\omega^2\varepsilon\mu}}\Big(1-2\exp\{-j\sqrt{\omega^2\varepsilon\mu-k_1''^2}\,L-\sqrt{k_n''^2-\omega^2\varepsilon\mu}\,L\}$$

$$+\exp\{-j2\sqrt{\omega^2\varepsilon\mu-k_1''^2}\,L\}\Big)\Bigg)\Bigg\}.$$

Es läßt sich in gleicher Weise wie bei dem in § 4 behandelten Fall zeigen, daß $S_{11}(2) = S_{11}(3)$ ist; erst die 4-te Näherung $S_{11}(4)$ unterscheidet sich von $S_{11}(2)$ durch ein Glied mit dem Faktor $\frac{1}{R^4}$.

Als Beispiel soll jetzt der Spezialfall des rechteckförmigen Hohlleiters behandelt werden (Abb. 6); und zwar soll der Hohlleiter so gekrümmt sein, daß die kleinere Rechteckseite a^y parallel zur Krümmungsachse ist. Ferner soll für das Verhältnis der beiden Rechteckseiten a_x und a_y gelten $a_x : a_y = 2$ (die in der Praxis üblichen Standardtypen von rechteckigen Hohlleitern haben dieses Seitenverhältnis).

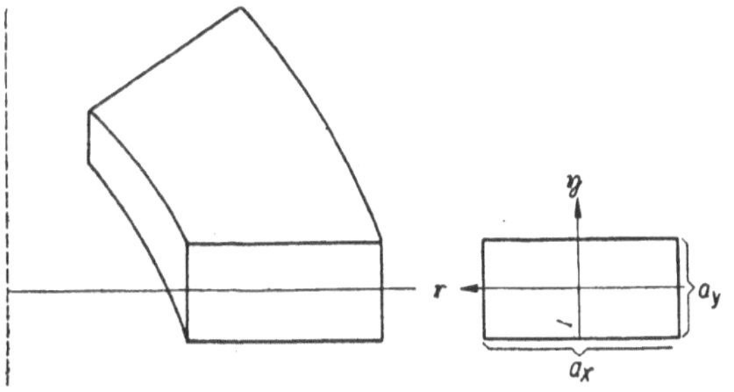

Abb. 6

Die nach der Vorschrift von (2.5a)—(2.7) definierten Funktionen Φ bzw. Ψ sind hier von der Form

$$\Phi_{n,m} = \frac{2\sqrt{2}}{\pi\sqrt{n^2+4m^2}}\sin\left(\frac{n\pi}{a_x}\left(x+\frac{a_x}{2}\right)\right)\sin\left(\frac{m\pi}{a_y}\left(y+\frac{a_y}{2}\right)\right),\quad k_{n,m}' = \frac{\pi}{a_x}\sqrt{n^2+4m^2} \tag{5.20}$$

$$(m>0,\ n>0)$$

bzw.

$$\Psi_{n,m}=\frac{2\sqrt{2}}{\pi\sqrt{n^2+4m}}\cos\left(\frac{n\pi}{a_y}\left(x+\frac{a_x}{2}\right)\right)\cos\left(\frac{m\pi}{a_y}\left(y+\frac{a_y}{2}\right)\right) \quad \text{für } n>0, m>0 \tag{5.21}$$

$$\Psi_{0,m}=\frac{1}{\pi m}\cos\left(\frac{m\pi}{a_x}\left(y+\frac{a_y}{2}\right)\right) \quad \text{für } n=0, m>0$$

$$\Psi_{n,0}=\frac{2}{\pi n}\cos\left(\frac{n\pi}{a_x}\left(x+\frac{a_x}{2}\right)\right) \quad \text{für } n>0, m=0$$

$$\Psi_{0,0}=\frac{\sqrt{2}}{a_x}, \quad k''_{n,m}=\frac{\pi}{a_x}\sqrt{n^2+4m^2}.$$

Der Wert $k''_1 \equiv k''_{1,0}$ ist der kleinste aller (von Null verschiedenen) Werte $k'_{n,m}$, $k''_{n,m}$; das zugehörige Vektorfeld $\mathfrak{e}''_1(x, y)$ ist hier:

$$\mathfrak{e}''_1(x,y)=-\mathfrak{x}_0\frac{\partial\Psi_{1,0}}{\partial y}+\mathfrak{y}_0\frac{\partial\Psi_{1,0}}{\partial x}. \tag{5.22}$$

Den Vektorfeldern $\mathfrak{e}''_2$, $\mathfrak{e}''_3, \ldots$ entsprechen hier (in irgendeiner beliebig wählbaren Reihenfolge) die Vektorfelder $\mathfrak{e}''_{n,m}$ für $n \geqq 0, m > 0$ und $n > 1$, $m = 0$, dabei ist

$$\mathfrak{e}''_{n,m}(x,y)=-\mathfrak{x}_0\frac{\partial\Psi_{n,m}}{\partial y}+\mathfrak{y}_0\frac{\partial\Psi_{n,m}}{\partial x}. \tag{5.23}$$

Ebenso entsprechen den Vektorfeldern $\mathfrak{e}'_1$, $\mathfrak{e}'_2, \ldots$ die Ausdrücke

$$\mathfrak{e}'_{n,m}(x,y)=-\mathfrak{x}_0\frac{\partial\Phi_{n,m}}{\partial x}-\mathfrak{y}_0\frac{\partial\Phi_{n,m}}{\partial y} \quad \text{für } n>0,\ m>0. \tag{5.24}$$

Es gilt

$$\iint \mathfrak{e}''_1\cdot\mathfrak{e}'_{n,m}\,x\,dx\,dy=\iint\left(\frac{\partial\Psi_{1,0}}{\partial y}\frac{\partial\Phi_{n,m}}{\partial x}-\frac{\partial\Psi_{1,0}}{\partial x}\frac{\partial\Phi_{n,m}}{\partial y}\right)x\,dx\,dy=0. \tag{5.25}$$

In dem Ausdruck (5.19) für S_{11} (2) verschwinden daher diejenigen Summanden, in welchen die Ausdrücke $\iint \mathfrak{e}''_1\cdot\mathfrak{e}'_n\,x\,dx\,dy$ als Faktor vorkommen. Von den Ausdrücken

$$\iint \mathfrak{e}''_{n,m}\cdot\mathfrak{e}''_1\,x\,dx\,dy=\iint\left(\frac{\partial\Psi_{n,m}}{\partial x}\frac{\partial\Psi_{1,0}}{\partial x}+\frac{\partial\Psi_{n,m}}{\partial y}\frac{\partial\Psi_{1,0}}{\partial y}\right)x\,dx\,dy \tag{5.26}$$

verschwinden alle mit $m > 0$. Für die übrigen erhält man

$$\iint \mathfrak{e}''_{n,0}\cdot\mathfrak{e}''_1\,x\,dx\,dy=\frac{2a_x}{\pi^2}\int_0^\pi \sin nu\,\sin u\left(u-\frac{\pi}{2}\right)du=a_x c_n, \tag{5.27}$$

wobei die Koeffizienten c_n folgende Werte (5.28) haben:

n	c_n
1	0
2	− 0,09006
3	0
4	− 0,00705
5	0
6	− 0,00198
7	0
8	− 0,00082
9	0
10	− 0,00042

(5.28)

Die Ausdrücke

$$k''^2_{1,0}\,k''^2_{n,m}\iint \Psi_{1,0}\,\Psi_{n,m}\,x\,dx\,dy \tag{5.29}$$

verschwinden ebenfalls für $m > 0$. Für die übrigen Werte ergibt sich

$$k''^2_{1,0}\,k''^2_{n,m}\iint \Psi_{1,0}\,\Psi_{n,0}\,x\,dx\,dy \tag{5.30}$$

$$=\frac{2n}{a_x}\int_0^\pi \cos nu\,\cos u\left(u-\frac{\pi}{2}\right)du=\frac{1}{a_x}d_n.$$

n	d_n
1	0
2	$-1{,}1111$
3	0
4	$-0{,}3022$
5	0
6	$-0{,}1813$
7	0
8	$-0{,}1310$
9	0
10	$-0{,}1030$

(5.31)

Für die Koeffizienten d_n erhält man die in Tabelle (5.31) angegebenen Werte. Nach (5.19) erhält man für S_{11} (2) den folgenden Ausdruck

$$S_{11}(2) = \left(\frac{a_x}{R}\right)^2 \left\{ U\left(\frac{\pi}{a_x \omega \sqrt{\varepsilon\mu}}, \sqrt{\omega^2 \mu \varepsilon - \frac{\pi^2}{a_x^2}}\, L\right) + j\, V\left(\frac{\pi}{a_x \omega \sqrt{\varepsilon\mu}}, \sqrt{\omega^2 \varepsilon \mu - \frac{\pi^2}{a_x^2}}\, L\right)\right\} \tag{5.32}$$

es bedeuten hierbei

$$U(u, v) = \frac{1}{4\pi^2 \sqrt{1-u^2}} \sum_{n=2}^{\infty} \left(c_n^2 \pi^2 \frac{n^2(1-u^2)+1}{n^2-1} - c_n d_n \frac{2}{n^2-1} + d_n^2 \frac{u^2}{\pi^2(n^2-1)} \right) \times \left(\frac{\cos 2v - 1}{\sqrt{1-u^2}} + \frac{1}{\sqrt{n^2u^2-1}} \left[\sin 2v - 2 \sin v \exp\left\{ -\frac{\sqrt{n^2u^2-1}}{\sqrt{1-u^2}}\, v \right\} \right] \right) \tag{5.33 a}$$

$$V(u, v) = \frac{1}{4\pi^2 \sqrt{1-u^2}} \sum_{n=2}^{\infty} \left(c_n^2 \pi^2 \frac{n^2(1-u^2)+1}{n^2-1} - c_n d_n \frac{2}{n^2-1} + d_n^2 \frac{u^2}{\pi^2(n^2-1)} \right) \times \left(-\frac{\sin 2v}{\sqrt{1-u^2}} + \frac{1}{\sqrt{n^2u^2-1}} \left[\cos 2v - 2 \cos v \exp\left\{ -\frac{\sqrt{n^2u^2-1}}{\sqrt{1-u^2}}\, v \right\} + 1 \right] \right). \tag{5.33 b}$$

In Abbildung 7 bzw. Abbildung 8 ist U bzw. V als Funktion von v für verschiedene Parameterwerte u dargestellt, den Ausdruck $|S_{11}(2)| \cdot \left(\frac{R}{a_x}\right)^2 = \sqrt{U^2 + V^2}$ zeigt Abbildung 9. Man

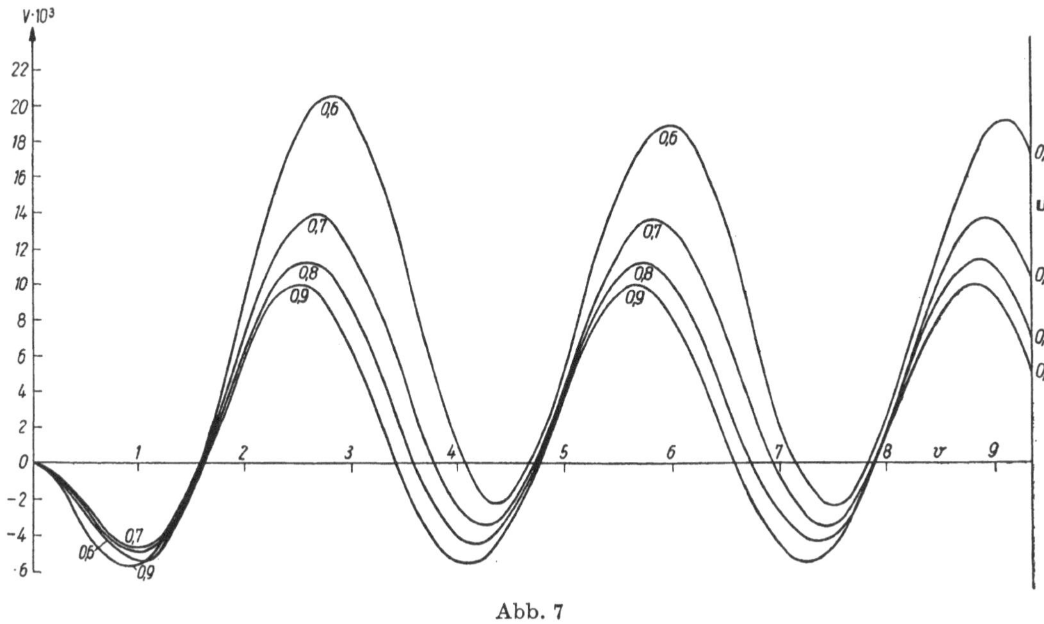

Abb. 7

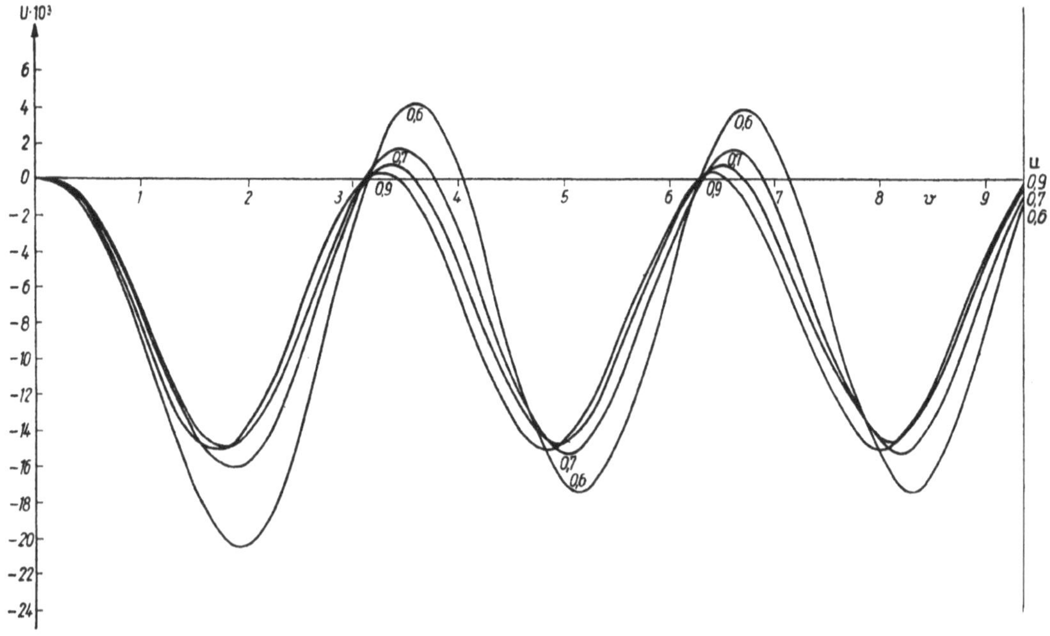

Abb. 8

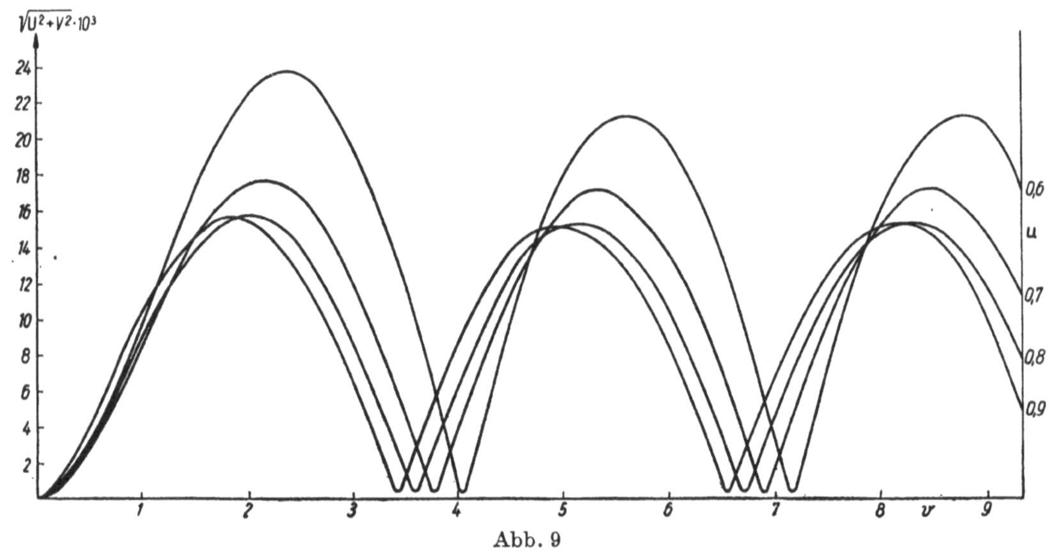

Abb. 9

erkennt, daß $|S_{11}(2)|$ stark ausgeprägte Minimalstellen besitzt. Für die Lage $v_{\min}$ der Minimalstellen gilt mit ziemlich guter Genauigkeit:

$$V_{\min} = \operatorname{arc\,tg} \sqrt{\frac{1-u^2}{4u^2-1}} + N\pi \qquad \begin{pmatrix} N = 1, 2 \ldots \\ \frac{1}{2} < u < 1 \end{pmatrix}. \tag{5.34}$$

(Als Wert des arc tg soll hierbei der im Intervall $\left(0, \frac{\pi}{2}\right)$ gelegene Funktionswert genommen werden).

§ 6. Der kreisförmig gekrümmte Topfkreiswellenmesser

Zur Wellenlängenmessung bei sehr hohen Frequenzen werden in der Praxis Wellenmesser verwendet, die aus einem kreisförmig gebogenen koaxialen Rohr (Abb. 10) bestehen, in welchem ein Kurzschlußschieber K angebracht ist, dessen Lage durch eine Drehbewegung geändert werden kann[2]). An einem Ende, das durch eine Metallplatte abgeschlossen ist, befinden sich zwei Koppelschleifen A und B. Die zu messende Frequenz wird bei A in den Kreis eingekoppelt, während an der Koppelschleife B über einen Kristallgleichrichter ein Meßinstrument angeschlossen ist. Die Lagen der Resonanzstellen sind durch starkes Ansteigen der Spannung am Gleichrichter zu erkennen. Falls das Hohlrohr nicht kreisförmig gebogen, sondern zylindrisch ist, so ist der Topfkreis stets dann auf Resonanz abgestimmt, wenn der Abstand des Kurzschlußschiebers von der Abschlußplatte gleich einem ganzzahligen Vielfachen $n\,\frac{\lambda}{2}$ der halben Wellenlänge ist.

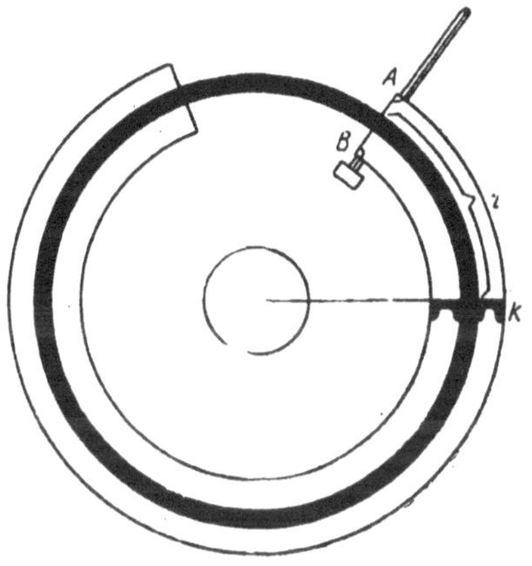

Abb. 10

Es soll hier nun untersucht werden, in welcher Weise die Resonanzstellen von der Krümmung abhängen.

Der Querschnitt des Hohlleiters sei ein beliebiges zweifach zusammenhängendes Gebiet.

Es wird vorausgesetzt, daß die Wellenlänge so groß ist, daß im entsprechenden zylindrischen Hohlleiter keine höheren Hohlraumwellentypen auftreten können ($\nu_0 = \tau_0 = 1$, $N = 2$); es sei also

$$\begin{aligned} \omega^2 \varepsilon \mu &< k_\nu'^2 \quad \text{für } \nu = 1, 2, \ldots \\ \omega^2 \varepsilon \mu &< k_\tau''^2 \quad \text{für } \tau = 1, 2, \ldots, \end{aligned} \tag{6.1}$$

wobei $k_\nu'^2$ bzw. $k_\tau''^2$ die Eigenwerte λ der Differentialgleichung $\Delta \Psi + \lambda \Psi = 0$ mit der Randbedingung $\Psi = 0$ bzw. $\frac{\partial \Psi}{\partial n} = 0$ sind.

Die Lage L einer Resonanzstelle ist dadurch charakterisiert, daß im Hohlleiterstück $0 \leq z \leq L$ ein elektromagnetisches Feld existiert, bei dem die in der Querschnittsebene liegende Komponente der elektrischen Feldstärke an den Stellen $z = 0$ und $z = L$ verschwindet. In diesem Fall gibt es eine (nichttriviale) Lösung des Differentialgleichungssystems (2.27), (2.34), (2.40) mit den Randbedingungen

$$\begin{matrix} V_\nu'(0) = 0 \\ V_\nu'(L) = 0 \end{matrix} (\nu = 1, 2, \ldots); \quad \begin{matrix} V_\tau''(0) = 0 \\ V_\tau''(L) = 0 \end{matrix} (\tau = 1, 2, \ldots; \quad \begin{matrix} V_1'''(0) = 0 \\ V_1'''(L) = 0 \end{matrix}. \tag{6.2}$$

Das Differentialgleichungssystem ist von der Form

$$\frac{d V_\nu'(z)}{dz} - j \frac{k_\nu'^2 - \omega^2 \varepsilon \mu}{\omega \varepsilon} I_\nu'(z) = \frac{1}{R} f_\nu'(I_1'(z), \ldots) \tag{6.3}$$

$$\frac{d I_\nu'(z)}{dz} + j \omega \varepsilon V_\nu'(z) = \frac{1}{R} g_\nu'(V_1'(z), \ldots) \qquad (\nu = 1, 2, \ldots) \tag{6.3 a}$$

$$\frac{d V_\tau''(z)}{dz} + j \omega \mu I_\tau''(z) = \frac{1}{R} f_\tau''(I_1'(z), \ldots) \tag{6.4}$$

$$\frac{d I_\tau''(z)}{dz} - j \frac{k_\tau''^2 - \omega^2 \varepsilon \mu}{\omega \mu} V_\tau''(z) = \frac{1}{R} g_\tau''(V_1'(z), \ldots) \qquad (\tau = 1, 2, \ldots) \tag{6.4 a}$$

---

[2]) Eine ausführliche Beschreibung der Konstruktion eines solchen Wellenmessers findet man bei MEGLA [7].

$$\frac{d V_1'''(z)}{dz} + j\omega\mu I_1'''(z) = \frac{1}{R} f_1'''(I_1'(z), \ldots) \tag{6.5}$$

$$\frac{d I_1'''(z)}{dz} + j\omega\varepsilon V_1'''(z) = \frac{1}{R} g_1'''(V_1'(z), \ldots). \tag{6.5a}$$

Für jeden Index ν besitzt das Gleichungspaar

$$\frac{d V_\nu'(z)}{dz} - j\frac{k_\nu'^2 - \omega^2\varepsilon\mu}{\omega\varepsilon} I_\nu'(z) = 0 \tag{6.6}$$

$$\frac{d I_\nu'(z)}{dz} + j\omega\varepsilon V_\nu'(z) = 0 \tag{6.6}$$

wegen (6.1) keine nichttriviale Lösung, die den Bedingungen

$$V_\nu'(0) = V_\nu'(L) = 0 \tag{6.7}$$

genügt.

Bei gegebenen Funktionen f_ν' und g_ν' besitzen daher die inhomogenen Gleichungen (6.3), (6.3a) mit den Randbedingungen (6.7) stets eindeutig bestimmte Lösungen $V_\nu'(z)$, $I_\nu'(z)$; diese Lösungen gewinnt man etwa mittels der Methode der „Variation der Konstanten". Man erhält:

$$V_\nu'(z) = -\frac{1}{R}\left(\exp\{2\sqrt{k_\nu'^2-\omega^2\varepsilon\mu}\,L\}-1\right)^{-1} \mathfrak{Sin}\sqrt{k_\nu'^2-\omega^2\varepsilon\mu}\,z \tag{6.8}$$

$$\left(\int_0^L \left[f_\nu' - j\frac{\sqrt{k_\nu'-\omega^2\varepsilon\mu}}{\omega\varepsilon} g_\nu'\right] \exp\{\sqrt{k_\nu'-\omega^2\varepsilon\mu}\,\xi\}\,d\xi\right.$$

$$\left. + \exp\{2\sqrt{k_\nu'^2-\omega^2\varepsilon\mu}\,L\} \int_0^L \left[f_\nu' + j\frac{\sqrt{k_\nu'^2-\omega^2\varepsilon\mu}}{\omega\varepsilon} g_\nu'\right] \exp\{-\sqrt{k_\nu'^2-\omega^2\varepsilon\mu}\,\xi\}\,d\xi\right)$$

$$+\frac{1}{R}\int_0^z f_\nu'\,\mathfrak{Cof}\sqrt{k_\nu'^2-\omega^2\varepsilon\mu}\,(z-\xi)\,d\xi + j\frac{1}{R}\frac{\sqrt{k_\nu'^2-\omega^2\varepsilon\mu}}{\omega\varepsilon}\int_0^z g_\nu'\,\mathfrak{Sin}\sqrt{k_\nu'^2-\omega^2\varepsilon\mu}\,(z-\xi)\,d\xi\,,$$

$$I_\nu'(z) = j\frac{1}{R}\frac{\omega\varepsilon}{\sqrt{k_\nu'^2-\omega^2\varepsilon\mu}}\left(\exp\{2\sqrt{k_\nu'^2-\omega^2\varepsilon\mu}\,L\}-1\right)^{-1}\mathfrak{Cof}\sqrt{k_\nu'^2-\omega^2\varepsilon\mu}\,z\times \tag{6.8a}$$

$$\times\left(\int_0^L \left[f_\nu' - j\frac{\sqrt{k_\nu'^2-\omega^2\varepsilon\mu}}{\omega\varepsilon} g_\nu'\right] \exp\{\sqrt{k_\nu'^2-\omega^2\varepsilon\mu}\,\xi\}\,d\xi\right.$$

$$\left. + \exp\{2\sqrt{k_\nu'^2-\omega^2\varepsilon\mu}\,L\} \int_0^L \left[f_\nu' + j\frac{\sqrt{k_\nu'^2-\omega^2\varepsilon\mu}}{\omega\varepsilon} g_\nu'\right] \exp\{-\sqrt{k_\nu'^2-\omega^2\varepsilon\mu}\,\xi\}\,d\xi\right)$$

$$-j\frac{1}{R}\frac{\omega\varepsilon}{\sqrt{k_\nu'^2-\omega^2\varepsilon\mu}}\int_0^z f_\nu'\,\mathfrak{Sin}\sqrt{k_1'^2-\omega^2\varepsilon\mu}\,(z-\xi)\,d\xi + \frac{1}{R}\int_0^z g_\nu'\,\mathfrak{Cof}\sqrt{k_\nu'^2-\omega^2\varepsilon\mu}\,(z-\xi)\,d\xi\,.$$

In entsprechender Weise erhält man bei gegebenen Funktionen f_τ'', g_τ'' die Lösungen der Differentialgleichungen (6.4), (6.4a) mit den Randbedingungen

$$V_\tau''(0) = V_\tau''(L) = 0 \tag{6.9}$$

in der Gestalt

$$V''_\tau(z) = -\frac{1}{R}\left(\exp\{2\sqrt{k''^2_\tau - \omega^2\varepsilon\mu}\,L\} - 1\right)^{-1} \mathfrak{Sin}\sqrt{k''^2_\tau - \omega^2\varepsilon\mu}\,z \times \tag{6.10}$$

$$\times\left(\int_0^L\left[f''_\tau + j\frac{\omega\mu}{\sqrt{k''^2_\tau - \omega^2\varepsilon\mu}}g''_\tau\right]\exp\{\sqrt{k''^2_\tau - \omega^2\varepsilon\mu}\,\xi\}\,d\xi\right.$$

$$\left. + \exp\{2\sqrt{k''^2_\tau - \omega^2\varepsilon\mu}\,L\}\int_0^L\left[f''_\tau - j\frac{\omega\mu}{\sqrt{k''^2_\tau - \omega^2\varepsilon\mu}}g''_\tau\right]\exp\{-\sqrt{k''^2_\tau - \omega^2\varepsilon\mu}\,\xi\}\,d\xi\right)$$

$$+\frac{1}{R}\int_0^z f''_\tau\,\mathfrak{Cof}\sqrt{k''^2_\tau - \omega^2\varepsilon\mu}\,(z-\xi)\,d\xi - j\frac{1}{R}\frac{\omega\mu}{\sqrt{k''^2_\tau - \omega^2\varepsilon\mu}}\int_0^z g''_\tau\,\mathfrak{Sin}\sqrt{k''^2_\tau - \omega^2\varepsilon\mu}\,(z-\xi)\,d\xi\,,$$

$$I''_\tau(z) = -j\frac{1}{R}\frac{\sqrt{k''^2_\tau - \omega^2\varepsilon\mu}}{\omega\mu}\left(\exp\{2\sqrt{k''^2_\tau - \omega^2\varepsilon\mu}\,L\} - 1\right)^{-1}\mathfrak{Cof}\sqrt{k''^2_\tau - \omega^2\varepsilon\mu}\,z \times \tag{6.10a}$$

$$\times\left(\int_0^L\left[f''_\tau + j\frac{\omega\mu}{\sqrt{k''^2_\tau - \omega^2\varepsilon\mu}}g''_\tau\right]\exp\{\sqrt{k''^2_\tau - \omega^2\varepsilon\mu}\,\xi\}\,d\xi\right.$$

$$\left. + \exp\{2\sqrt{k''^2_\tau - \omega^2\varepsilon\mu}\,L\}\int_0^L\left[f''_\tau - j\frac{\omega\mu}{\sqrt{k''^2_\tau - \omega^2\varepsilon\mu}}g''_\tau\right]\exp\{-\sqrt{k''^2_\tau - \omega^2\varepsilon\mu}\,\xi\}\,d\xi\right)$$

$$+j\frac{1}{R}\frac{\sqrt{k''^2_\tau - \omega^2\varepsilon\mu}}{\omega\mu}\int_0^z f''_\tau\,\mathfrak{Sin}\sqrt{k''^2_\tau - \omega^2\varepsilon\mu}\,(z-\xi)\,d\xi + \frac{1}{R}\int_0^z g''_\tau\,\mathfrak{Cof}\sqrt{k''^2_\tau - \omega^2\varepsilon\mu}\,(z-\xi)\,d\xi\,.$$

Eine Lösung der Gleichungen (6.5), (6.5a), die der Bedingung $V'''_1(0) = 0$ genügt, erhält man bei gegebenen Funktionen f'''_1 und g'''_1 in der Form

$$V'''_1(z) = -j\sqrt{\frac{\mu}{\varepsilon}}\,I'''_1(0)\sin\omega\sqrt{\varepsilon\mu}\,z + \frac{1}{R}\int_0^z f'''_1\cos\omega\sqrt{\varepsilon\mu}(z-\xi)\,d\xi \tag{6.11}$$

$$-j\frac{1}{R}\sqrt{\frac{\mu}{\varepsilon}}\int_0^z g'''_1\sin\omega\sqrt{\varepsilon\mu}\,(z-\xi)\,d\xi\,,$$

$$I'''_1(z) = I'''_1(0)\cos\omega\sqrt{\varepsilon\mu}\,z - j\frac{1}{R}\sqrt{\frac{\varepsilon}{\mu}}\int_0^z f'''_1\sin\omega\sqrt{\varepsilon\mu}\,(z-\xi)\,d\xi \tag{6.11a}$$

$$+\frac{1}{R}\int_0^z g'''_1\cos\omega\sqrt{\varepsilon\mu}\,(z-\xi)\,d\xi\,.$$

Um diejenigen Werte von L zu finden, für welche das Differentialgleichungssystem (6.3)—(6.5a) eine nichttriviale Lösung besitzt, die den Randbedingungen (6.2) genügt, wird folgendermaßen vorgegangen. Man suche eine Lösung des Differentialgleichungssystems (6.3)—(6.5a), die den inhomogenen Randbedingungen (6.12) genügt

$$\begin{matrix} V'_\nu(0) = 0 \\ V'_\nu(L) = 0 \end{matrix}\;(\nu = 1, 2, \ldots); \quad \begin{matrix} V''_\tau(0) = 0 \\ V''_\tau(L) = 0 \end{matrix}\;(\tau = 1, 2, \ldots); \quad \begin{matrix} V'''_1(0) = 0 \\ I'''_1(0) = 1 \end{matrix}. \tag{6.12}$$

Diese Lösung $V'_\nu(z; L), \ldots, I'''_1(z; L)$ hängt vom Parameter L ab.

Diejenigen Werte von L, für welche $V''_1(L; L)$ gleich null wird, sind Resonanzstellen; denn die (nichttriviale) Lösung $V'_\nu(z; L), \ldots, I'''_1(z; L)$ erfüllt in solch einem Fall die Randbedingungen (6.2).

Durch Iteration können Näherungslösungen des Differentialgleichungssystems (6.3) bis (6.5a) mit den Randbedingungen (6.12) gewonnen werden. Für den Fall $\frac{1}{R}=0$ erhält man (als 0-te Näherung) aus (6.8)—(6.11a) die Lösung

$$\begin{matrix} V'_\nu(z;L;0)=0 \\ I'_\nu(z;L;0)=0 \end{matrix}\,(\nu=1,2,\ldots);\quad \begin{matrix} V''_\tau(z;L;0)=0 \\ I''_\tau(z;L;0)=0 \end{matrix}\,(\tau=1,2,\ldots);\quad \begin{matrix} V'''_1(z;L;0)=-j\sqrt{\frac{\mu}{\varepsilon}}\sin\omega\sqrt{\varepsilon\mu}\,z \\ I'''_1(z;L;0)=\cos\omega\sqrt{\varepsilon\mu}\,z \end{matrix} \tag{6.13}$$

Die 1-te Näherungslösung erhält man, indem in den Gleichungen (6.8)—(6.11a) für die auf den rechten Seiten vorkommenden Funktionen $V'_\nu(z), \ldots, I'''_1(z)$ die obigen Näherungsausdrücke (6.13) eingesetzt werden. Aus (6.8) und (6.8a) ergibt sich die 1-te Näherung für $V'_\nu(z;L)$ und $I'_\nu(z;L)$:

$$V'_\nu(z;L;1)=j\frac{1}{R}\sqrt{\frac{\mu}{\varepsilon}}\,\frac{k'^2_\nu-2\,\omega^2\varepsilon\mu}{k'^2_\nu}\left[\iint \mathfrak{e}'''_1\cdot\mathfrak{e}'_\nu\,x\,dx\,dy\right]\times \tag{6.14}$$

$$\times\left\{\frac{\sin\omega\sqrt{\varepsilon\mu}\,L}{\operatorname{Sin}\sqrt{k'^2_\nu-\omega^2\varepsilon\mu}\,L}\operatorname{Sin}\sqrt{k'^2_\nu-\omega^2\varepsilon\mu}\,z-\sin\omega\sqrt{\varepsilon\mu}\,z\right\}$$

$$I'_\nu(z;L;1)=\frac{1}{R}\frac{\omega\sqrt{\varepsilon\mu}}{k'^2_\nu}\left[\iint \mathfrak{e}'''_1\cdot\mathfrak{e}'_\nu\,x\,dx\,dy\right]\times \tag{614 a}$$

$$\times\left\{\frac{k'^2_\nu-2\omega^2\varepsilon\mu}{\sqrt{k'^2_\nu-\omega^2\varepsilon\mu}}\,\frac{\sin\omega\sqrt{\varepsilon\mu}L}{\operatorname{Sin}\sqrt{k'^2_\nu-\omega^2\varepsilon\mu}\,L}\operatorname{Cos}\sqrt{k'^2_\nu-\omega^2\varepsilon\mu}\,z-2\omega\sqrt{\varepsilon\mu}\cos\omega\sqrt{\varepsilon\mu}\,z\right\}.$$

Entsprechend erhält man für die 1-te Näherung der Funktionen $V''_\tau(z;L)$ und $I''_\tau(z;L)$ die Ausdrücke:

$$V''_\tau(z;L;1)=j\frac{1}{R}\sqrt{\frac{\mu}{\varepsilon}}\,\frac{2\omega^2\varepsilon\mu}{k''^2_\tau}\left[\iint \mathfrak{e}''_1\cdot\mathfrak{e}'''_\tau\,x\,dx\,dy\right]\times \tag{6.15}$$

$$\times\left\{-\frac{\sin\omega\sqrt{\varepsilon\mu}\,L}{\operatorname{Sin}\sqrt{k''^2_\tau-\omega^2\varepsilon\mu}\,L}\operatorname{Sin}\sqrt{k''^2_\tau-\omega^2\varepsilon\mu}\,z+\sin\omega\sqrt{\varepsilon\mu}\,z\right\}$$

$$I''_\tau(z;L;1)=\frac{1}{R\,k''^2_\tau}\left[\iint \mathfrak{e}'''_1\cdot\mathfrak{e}''_\tau\,x\,dx\,dy\right]\times \tag{6.15 a}$$

$$\times\left\{2\omega\sqrt{\varepsilon\mu}\sqrt{k''^2_\tau-\omega^2\varepsilon\mu}\,\frac{\sin\omega\sqrt{\varepsilon\mu}\,L}{\operatorname{Sin}\sqrt{k''^2_\tau-\omega^2\varepsilon\mu}\,L}\operatorname{Cos}\sqrt{k''^2_\tau-\omega^2\varepsilon\mu}\,z\right.$$

$$\left.+(k''^2_\tau-2\,\omega^2\varepsilon\mu)\cos\omega\sqrt{\varepsilon\mu}\,z\right\}$$

Aus (6.11) und (6.11a) folgt für die 1-te Näherung der Funktionen $V'''_1(z;L)$ und $I'''_1(z;L)$:

$$V'''_1(z;L;1)=-j\sqrt{\frac{\mu}{\varepsilon}}\sin\omega\sqrt{\varepsilon\mu}\,z+j\frac{1}{R}\sqrt{\frac{\mu}{\varepsilon}}\,\omega\sqrt{\varepsilon\mu}\left[\iint \mathfrak{e}'''^2_1\,x\,dx\,dy\right]z\cos\omega\sqrt{\varepsilon\mu}\,z \tag{6.16}$$

$$I'''_1(z;L;1)=\cos\omega\sqrt{\varepsilon\mu}\,z+\frac{1}{R}\omega\sqrt{\varepsilon\mu}\left[\iint \mathfrak{e}'''^2_1\,x\,dx\,dy\right]z\sin\omega\sqrt{\varepsilon\mu}\,z. \tag{6.16a}$$

Es soll vorausgesetzt werden, daß $\iint \mathfrak{e}'''^2_1\,x\,dx\,dy$ gleich null ist (was durch geeignete Wahl der Leitlinie stets erreicht werden kann); dann gilt also

$$V'''_1(z;L;1)=-j\sqrt{\frac{\mu}{\varepsilon}}\sin\omega\sqrt{\varepsilon\mu}\,z \tag{6.17}$$

$$I'''_1(z;L;1)=\cos\omega\sqrt{\varepsilon\mu}\,z. \tag{6.17 a}$$

Mittels der 1-ten Näherung für $V'_\nu, \ldots, I'''_1$ kann die 2-te Näherung für $V'''_1(z; L)$ berechnet werden. Man erhält aus (6.11)

$$V'''_1(z; L; 2) = -j\sqrt{\frac{\mu}{\varepsilon}}\sin\omega\sqrt{\varepsilon\mu}\,z \tag{6.18}$$

$$+\frac{1}{R^2}\sqrt{\frac{\mu}{\varepsilon}}\left\{\sum_{n=1}^{\infty}\left[\iint \mathfrak{e}'''_1\cdot\mathfrak{e}'_n\,x\,dx\,dy\right]^2\times\right.$$

$$\times\left[j\frac{2\omega^2\varepsilon\mu\,(k'^2_n-2\omega^2\varepsilon\mu)}{k'^4_n}\frac{\sin\omega\sqrt{\varepsilon\mu}\,L}{\mathfrak{Sin}\sqrt{k'^2_n-\omega^2\varepsilon\mu}\,L}\,\mathfrak{Sin}\sqrt{k'^2_n-\omega^2\varepsilon\mu}\,z\right.$$

$$-j\frac{\omega\sqrt{\varepsilon\mu}\,(k'^2_n-2\omega^2\varepsilon\mu)}{k'^4_n\sqrt{k'^2_n-\omega^2\varepsilon\mu}}\frac{\sin\omega\sqrt{\varepsilon\mu}\,L}{\mathfrak{Sin}\sqrt{k'^2_n-\omega^2\varepsilon\mu}\,L}\sin\omega\sqrt{\varepsilon\mu}\,z-j\frac{1}{2}\sin\omega\sqrt{\varepsilon\mu}\,z$$

$$\left.+j\frac{\omega\sqrt{\varepsilon\mu}\,(k'^2_n-4\omega^2\varepsilon\mu)}{2k'^2_n}z\cos\omega\sqrt{\varepsilon\mu}\,z\right]+\sum_{n=1}^{\infty}\left[\iint\mathfrak{e}'''_1\cdot\mathfrak{e}''_n\,x\,dx\,dy\right]^2\times$$

$$\times\left[j\frac{2\omega^2\varepsilon\mu\,(k''^2_n-2\omega^2\varepsilon\mu)}{k''^4_n}\frac{\sin\omega\sqrt{\varepsilon\mu}\,L}{\mathfrak{Sin}\sqrt{k''^2_n-\omega^2\varepsilon\mu}}\,\mathfrak{Sin}\sqrt{k''^2_n-\omega^2\varepsilon\mu}\,z\right.$$

$$+j\frac{4\omega^3\varepsilon\mu\sqrt{\varepsilon\mu}\sqrt{k''^2_n-\omega^2\varepsilon\mu}}{k''^4_n}\frac{\sin\omega\sqrt{\varepsilon\mu}\,L}{\mathfrak{Sin}\sqrt{k''^2_n-\omega^2\varepsilon\mu}\,L}\sin\omega\sqrt{\varepsilon\mu}\,z+j\frac{1}{2}\sin\omega\sqrt{\varepsilon\mu}\,z$$

$$\left.\left.+j\frac{\omega\sqrt{\varepsilon\mu}\,(k''^2_n-4\omega^2\varepsilon\mu)}{2k''^2_n}z\cos\omega\sqrt{\varepsilon\mu}\,z\right]\right\}.$$

Die Resonanzstellen erhält man näherungsweise durch die Nullstellen der Funktion $V'''_1(L; L; 2)$.

Es gilt

$$V'''_1(L; L; 2) = -j\sqrt{\frac{\mu}{\varepsilon}}\sin\omega\sqrt{\varepsilon\mu}\,L \tag{6.19}$$

$$+j\frac{1}{R^2}\sqrt{\frac{\mu}{\varepsilon}}\left\{\sum_{n=1}^{\infty}\left[\iint\mathfrak{e}'''_1\cdot\mathfrak{e}'_n\,x\,dx\,dy\right]^2\times\right.$$

$$\times\left[\sin\omega\sqrt{\varepsilon\mu}\,L\left(\frac{2\omega^2\varepsilon\mu\,(k'^2_n-2\omega^2\varepsilon\mu)}{k'^4_n}-\frac{\omega\sqrt{\varepsilon\mu}\,(k'^2_n-2\omega^2\varepsilon\mu)^2}{k'^4_n\sqrt{k'^2_n-\omega^2\varepsilon\mu}}\frac{\sin\omega\sqrt{\varepsilon\mu}\,L}{\mathfrak{Sin}\sqrt{k'^2_n-\omega^2\varepsilon\mu}\,L}-\frac{1}{2}\right)\right.$$

$$\left.+\frac{\omega\sqrt{\varepsilon\mu}\,(k'^2_n-4\omega^2\varepsilon\mu)\,L}{2k'^2_n}\cos\omega\sqrt{\varepsilon\mu}\,L\right]$$

$$+\sum_{n=1}^{\infty}\left[\iint\mathfrak{e}'''_1\cdot\mathfrak{e}''_n\,x\,dx\,dy\right]^2\left[\sin\omega\sqrt{\varepsilon\mu}\,L\left(\frac{2\omega^2\varepsilon\mu\,(k''^2_n-2\omega^2\varepsilon\mu)}{k''^4_n}\right.\right.$$

$$\left.+\frac{4\omega^3\varepsilon\mu\sqrt{\varepsilon\mu}\sqrt{k''^2_n-\omega^2\varepsilon\mu}}{k''^4_n}\frac{\sin\omega\sqrt{\varepsilon\mu}\,L}{\mathfrak{Sin}\sqrt{k''^2_n-\omega^2\varepsilon\mu}\,L}+\frac{1}{2}\right)$$

$$\left.\left.+\frac{\omega\sqrt{\varepsilon\mu}\,(k''^2_n-4\omega^2\varepsilon\mu)}{2k''^2_n}\cos\omega\sqrt{\varepsilon\mu}\,L\right]\right\}.$$

Der komplexe Ausdruck auf der rechten Seite von (6.19) ist rein imaginär, wodurch es möglich ist, der Gleichung

$$V'''_1(L; L; 2) = 0 \tag{6.20}$$

durch reelle Werte von L zu genügen. Für den Fall $\frac{1}{R} = 0$ liegen die Lösungen der Gleichung (6.20) an den Stellen

$$L_n = n \frac{\pi}{\omega \sqrt{\varepsilon \mu}} \quad (n \text{ ganze Zahl}) \tag{6.21}$$

und es ist hier $\frac{d V_1''' (L; L; 2)}{d L} \neq 0$. Nach einem Satz über implizite analytische Funktionen mit reellen Koeffizienten existieren abzählbar unendlich viele Lösungen $L_n\left(\frac{1}{R^2}\right)$ der Gleichung (6.20), jede dieser Lösungen ist $\left(\text{in einer gewissen Umgebung von } \frac{1}{R^2} = 0\right)$ eine analytische Funktion von $\frac{1}{R^2}$ mit reellen Koeffizienten:

$$L_n = a_{n0} + a_{n1} \frac{1}{R^2} + a_{n2} \frac{1}{R^4} + \cdots \tag{6.22}$$

Die Funktionen $L_n\left(\frac{1}{R^2}\right)$ sind eindeutig festgelegt durch

$$L_n(0) = n \frac{\pi}{\omega \sqrt{\varepsilon \mu}}. \tag{6.23}$$

Aus (6.22) und (6.23) folgt $a_{n0} = n \frac{\pi}{\omega \sqrt{\varepsilon \mu}}$.

Die Koeffizienten $a_{n\nu}$ erhält man rekursiv aus a_{n0}, indem man den Ansatz (6.22) in Glei-Gleichung (6.20) einführt, die Sinus- und Exponentialfunktionen in Potenzreihen entwickelt und die Faktoren gleich hoher Potenzen von $\frac{1}{R^2}$ vergleicht.

Es sollen hier nur die Koeffizienten a_{n1} berechnet werden; durch Hinzunahme weiterer Reihenglieder von (6.22) ist keine größere Genauigkeit für die Resonanzstellen zu erwarten, da ja an Stelle von $V_1'''(L; L) = 0$ nur die Näherungsgleichung (6.20) zugrunde gelegt wurde. Setzt man den Koeffizient von $\frac{1}{R^2}$ in der Entwicklung von $V_1'''(L_n; L_n; 2)$ gleich null, so erhält man

$$a_{n1} = \frac{a_{n0}}{2} \left\{ \sum_{\nu=1}^{\infty} \left[\iint \mathfrak{e}_1''' \cdot \mathfrak{e}_\nu' \, x \, dx \, dy \right]^2 \left(1 - 4 \frac{\omega^2 \varepsilon \mu}{k_\nu'^2} \right) \right. \tag{6.24}$$
$$\left. + \sum_{\nu=1}^{\infty} \left[\iint \mathfrak{e}_1''' \cdot \mathfrak{e}_\nu'' \, x \, dx \, dy \right]^2 \left(1 - 4 \frac{\omega^2 \varepsilon \mu}{k_\nu''^2} \right) \right\}.$$

Für die Resonanzstellen folgt hiermit näherungsweise

$$L_n = n \frac{\pi}{\omega \sqrt{\varepsilon \mu}} \left\{ 1 + \frac{1}{2R^2} \left(\sum_{\nu=1}^{\infty} \left[\iint \mathfrak{e}_1''' \cdot \mathfrak{e}_\nu' \, x \, dx \, dy \right]^2 \left(1 - 4 \frac{\omega^2 \varepsilon \mu}{k_\nu''^2} \right) \right. \right. \tag{6.25}$$
$$\left. \left. + \sum_{1}^{\infty} \left[\iint \mathfrak{e}_1''' \cdot \mathfrak{e}_\nu'' \, x \, dx \, dy \right]^2 \left(1 - 4 \frac{\omega^2 \varepsilon \mu}{k_\nu''^2} \right) \right) \right\}.$$

Falls die Wellenlänge genügend groß ist, so wird $4 \frac{\omega^2 \varepsilon \mu}{k_\nu'^2} \ll 1$ und $4 \frac{\omega^2 \varepsilon \mu}{k_\nu''^2} \ll 1$; (6.25) ergibt

$$L_n \sim n \frac{\pi}{\omega \sqrt{\nu \mu}} \left\{ 1 + \frac{1}{2R^2} \left(\sum_{\nu=1}^{\infty} \left[\iint \mathfrak{e}_1''' \cdot \mathfrak{e}_\nu' \, x \, dx \, dy \right]^2 + \sum_{\nu=1}^{\infty} \left[\iint \mathfrak{e}_1''' \cdot \mathfrak{e}_\nu'' \, x \, dx \, dy \right]^2 \right) \right\}. \tag{6.26}$$

Wegen der Vollständigkeitsrelation und wegen $\iint e_1'''^2 \, x \, dx \, dy = 0$ gilt

$$\iint (e_1''' x)^2 \, dx \, dy = \sum_{\nu=1}^{\infty} \left[\iint e_1''' \cdot e_\nu' \, x \, dx \, dy \right]^2 + \sum_{\nu=1}^{\infty} \left[\iint e_1''' \cdot e_\nu'' \, x \, dx \, dy \right]^2 \qquad (6.27)$$

und man erhält aus (6.26)

$$L_n \sim n \frac{\pi}{\omega \sqrt{\varepsilon \mu}} \left\{ 1 + \frac{1}{2 R^2} \iint e_1'''^2 \, x^2 \, dx \, dy \right\}. \qquad (6.28)$$

Für den Fall eines koaxialen Querschnitts (Abb. 11) erhält man aus (6.25)

$$L_n = n \frac{\pi}{\omega \sqrt{\varepsilon \mu}} \left\{ 1 + \frac{a^2}{R^2} [A - \omega^2 \varepsilon \mu \, a^2 B] \right\}, \qquad (6.29)$$

wobei A und B von dem Verhältnis $a : b$ der Radien des Außen- bzw. Innenleiters abhängen. In der Tabelle (6.30) sind die Werte von A und B für verschiedene Verhältnisse angegeben

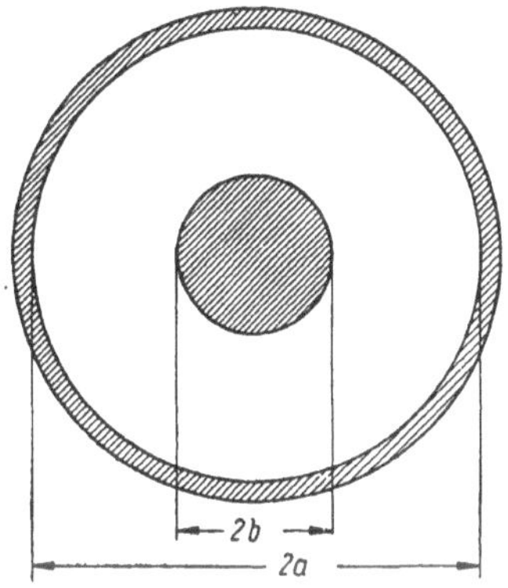

Abb. 11

$a:b$	1,1	1,2	1,3	1,4	1,5	1,6	1,8	2,0	2,5	3,0	3,5	4,0
A	0,23	0,21	0,20	0,18	0,17	0,16	0,15	0,14	0,12	0,10	0,09	0,08
B	0,82	0,70	0,60	0,52	0,46	0,40	0,34	0,28	0,20	0,16	0,13	0,10

(6.30)

Die vorausgesetzte Bedingung (6.1) für die Frequenz ω lautet hier

$$\omega \sqrt{\varepsilon \mu} \, a < X; \qquad (6.1^*)$$

der Koeffizient X hat für verschiedene Verhältnisse $a : b$ folgende Werte

$a:b$	1,1	1,2	1,3	1,4	1,5	1,6	1,8	2,0	2,5	3,0	3,5	4,0
X	1,04	1,09	1,14	1,17	1,21	1,24	1,30	1,35	1,47	1,54	1,61	1,64

(6.31)

Zusammenfassung

Es wird die Beeinflussung elektromagnetischer Felder in Hohlleitern durch Krümmungen behandelt. Hierbei wird die Wirkung eines Krümmungsstückes — die sich durch Reflexion bemerkbar macht — in einer Hohlrohrleitung untersucht. Für Hohlleiter mit rechteckförmigem Querschnitt wurden die Reflexionskoeffizienten von gekrümmten Hohlleiterstücken numerisch berechnet. Ferner wird beim gekrümmten Topfkreiswellenmesser die durch Krümmung verursachte Änderung der Resonanzstellen berechnet.

LITERATUR

[1] Jouguet, M., Effets de la courbure dans un guide à section circulaire, Cables & Transmission, Juli 1947, 133—153.

[2] Rinow, W., Über die Anwendung der Störungsrechnung auf das Problem der gekrümmten Leitung. Math. Nachr. 3, Berlin 1950, 176—192.

[3] Albersheim, W. J., Propagation of TE_{01}-Waves in Curved Wawe Guides. Bell System Techn. J. 28 (1949), 1—31.

[4] Marcuvitz, N., Waveguide Handbook, New York 1951, Kap. I.

[5] Heyn, E., Bew. der Vollständigkeitsrelation für die charakter. Vektorfelder der Hohlleitertheorie. Math. Nachr. 13, Berlin 1955, 25—56.

[6] Montgomery, C. G., Dicke, R. H. and Purcell, E. M., Principles of Microwawe Circuits, New York 1948, 148ff.

[7] Megla, G., Dezimeterwellentechnik, Fachbuchverlag Leipzig 1952.

FSC
www.fsc.org
MIX
Papier | Fördert gute Waldnutzung
FSC® C083411

Kolibri 360 GmbH
Ferdinand-Jühlke-Straße 7
99095 Erfurt, Deutschland
produktsicherheit@kolibri360.de